5G 网络制造系统
纵深防护理论与技术

梅 恪　张亚彬　尚羽佳　｜著
张　鑫　郭　苗

机械工业出版社

本书深度分析了工业 5G 网络制造系统纵深防护的发展背景，清晰刻画了 5G 网络制造系统应用的边界，总结了制造系统信息安全与功能安全等融合的安全需求，从制造系统本体出发，构建了一整套包括风险评估、纵深防护、安全监测和应急处置在内的全生命周期支撑理论体系。

在智能制造、工业互联网、5G 等大背景下，制造系统安全保障刻不容缓，本书可以为智能制造、工业互联网相关的工程人员，以及高校相关专业师生提供有力参考。

图书在版编目（CIP）数据

5G 网络制造系统纵深防护理论与技术/梅恪等著. —北京：机械工业出版社，2023.12
ISBN 978-7-111-73960-9

Ⅰ.①5… Ⅱ.①梅… Ⅲ.①第五代移动通信系统–智能制造系统–安全防护 Ⅳ.①TH166

中国国家版本馆 CIP 数据核字（2023）第 186004 号

机械工业出版社（北京市百万庄大街 22 号　邮政编码 100037）
策划编辑：雷云辉　　　　　　　　　责任编辑：雷云辉
责任校对：潘　蕊　薄萌钰　韩雪清　封面设计：马精明
责任印制：单爱军
北京联兴盛业印刷股份有限公司印刷
2023 年 12 月第 1 版第 1 次印刷
148mm×210mm · 4.375 印张 · 101 千字
标准书号：ISBN 978-7-111-73960-9
定价：69.00 元

电话服务　　　　　　　　　　网络服务
客服电话：010-88361066　　　机　工　官　网：www.cmpbook.com
　　　　　010-88379833　　　机　工　官　博：weibo.com/cmp1952
　　　　　010-68326294　　　金　书　网：www.golden-book.com
封底无防伪标均为盗版　　机工教育服务网：www.cmpedu.com

前 言

近年来，随着工业互联网的大力发展和 5G 的不断推进，"5G+工业互联网"正在使能全制造行业数字化，为制造过程提供涵盖供应链、生产车间的整个生命周期端到端的解决方案。5G 在与制造系统深度融合的同时，也给制造系统的安全性带来了严重挑战。基于 5G 的服务化架构使得传统制造系统体系结构发生了改变，攻击路径缩短，制造系统更容易遭受信息安全威胁。网络功能虚拟化、软件定义网络的引入，使得原来私有、封闭的专用网络变成标准、开放的通用网络，也使得网络防护边界变得模糊。同时，5G 使用不同的网络切片技术分配网络资源以满足不同的应用业务需求，这种集中管理方式一旦遭受攻击，将给网络及系统带来严重影响。因此，降低工业现场面临的新型网络攻击风险，并统筹考虑安全防护措施的部署是制造系统网络化过程中亟待解决的重要科学命题。

要真正做好网络制造系统信息安全防护，必须理解制造系统信息安全防护的本质。安全设计人员除了需要充分认识制造系统的安全缺陷和各类攻击手段之外，还应该深入了解制造系统的工艺安全特性。安全缺陷和攻击是制造系统信息安全事件的成因，而制造系统的工艺安全特性则决定了信息安全事件后果的最高严重等级。网络制造系统本身无法做到百分之百无漏洞，未知攻击具有不可预测性，同时制造底层控制逻辑为保证工艺过程的可用性，不宜增加过多的传统信息安全防护措施。信息安全攻击作用于离散制造系统有可能造成业务连续性损失和财产损失，而同等强度的攻击施加于流程制造系统将可能导致重大人员伤亡和环境污染。

本书运用卡尔·波普尔提出的"钟与云"二象科学哲学原理，诠释了网络制造系统安全的本质内涵、作用机理和影响规律，提出了一系列有别于传统信息安全的理论和技术方法，主要体现在：

1）提出了基于工艺偏离的风险评估方法。该方法结合安全相关工艺参数偏离状态，确定可能导致的危险事件，判定事件的风险等级，然后基于风险可接受准则，确定残余风险，提出了全域风险降低措施失效概率的计算方法，可更加精准地评价网络制造系统的风险现状。

2）提出了大纵深安全防护体系。针对网络制造系统的安全需求，提出了基于工艺安全风险部署信息安全、功能安全和物理安全多层防护措施的大纵深安全防护体系。从全局安全视角出发，围绕工艺危险源建立系统内生安全防护机制，可有效抵御系统受到网络攻击而造成的不可接受风险。

3）提出了多源跨域攻击事件的监测方法。该方法从具有高可监测性的物理域出发，提出了多源数据与模型机理驱动的物理域异常状态监测方法，有效提升了对隐蔽攻击行为的监测能力。在识别物理域异常状态基础上，结合制造系统信息域异常监测结果与环境要素，进行跨域攻击全景关联分析，逆向绘制攻击路径和攻击行为画像，为有效监测不可预测攻击事件提供了一套理论方法。

4）提出基于情景构建的信息物理攻击应急协同机制。该机制以情景构建理论框架为依据，遵循网络制造系统安全事件演进规律，着重从情景构建、应急协同体系及运行机制层面提出应急预案要点和规则，为数字化转型背景下企业应急能力的建设提供了依据。

本书从制造系统本体出发，构建了一整套包括风险评估、纵深防护、安全监测和应急处置在内的安全理论体系，补充了传统信息安全应用于网络制造系统的理论不足。本书的附录还提出了工业安全知识体系，可以为将来开展工业全域安全体系研究提供理论支撑。

需要特别说明的是，本书的研究成果重在从 OT 一侧构建安全体系，主要以抵御不可接受风险为目标，在实际应用中应当与传统 IT 信息安全体系紧密结合。IT 信息安全领域关于 5G 网络安全和工控信息安全的专著和论文已发表了很多，本书并未更多涉及这部分内容，感兴趣的读者可自行查阅。

本书由机械工业仪器仪表综合技术经济研究所梅恪、张亚彬、尚羽佳、张鑫、郭苗共同撰写，研究成果是团队智慧的结晶。

在撰写此书的过程中，参阅了国内外同仁的一些前瞻性研究成果，在此表示衷心感谢。本书由国家重点研发计划（项目编号：2020YFB1708600）资助。

网络制造系统安全是一个多学科交叉融合的新领域，涉及的内容和知识体系较广，书中难免有不妥之处，敬请广大读者提出宝贵意见，并给予批评指正。

CONTENTS

目 录 📶

第 **1** 章

绪　　论

1.1 制造系统的概念

制造系统是指为实现预定生产目标而组织构建的系统，主要目标是将原材料转变为特定成品或半成品。制造系统通常由制造过程所涉及的硬件、软件和人员组成。制造系统的要素包含产品需求分析、产品设计、工艺规划、制造加工、装配集成、贮藏运输、销售售后及回收处理等生命周期各阶段所涉及的人员、装备、原材料、方法、环境要素。制造系统的硬件包括厂房车间、工艺装备、工具耗材、能源设施、控制系统设备、信息系统设备、传输介质以及各种辅助装置。制造系统的软件包括企业信息系统软件、工业设计软件、工业自动化控制系统软件、专用操作系统以及各种仿真分析辅助组件等；人员是指参与制造生命周期各阶段活动的决策、调度、操作和维护人员。

1.2 制造模式的演进

制造活动的目的是不断满足人类生活的基本需求。人类社会自建立以来，从未停止过利用物理或化学方法创造和生产新产品，进而驱动社会经济的整体发展。人类社会的制造活动经过了漫长的变迁，经历了手工制造、机器生产、大规模生产、个性化定制生产等制造模式的演进。近几十年来，随着新型传感、边缘计算、云计算、大数据、人工智能、5G 等新技术的蓬勃发展，精益生产、敏捷制造、柔性制造、可重构制造、自组织生产、网络协同制造、服务型制造等各种不同的新型制造理念应运而生。当前，以提高生产效率、提升成品率、缩短新产品开发周期、降低成本、减少能耗为核心目标的智能制造理论体系渐趋成熟，以赋能、赋智、赋值为核心目标的工业互联网价值体系日益完善，"5G+工业互联网"正在使能全行业数字化，为制造过程提供涵盖供应链、生产车间的整个生命周期端到端的解决方案。

1.3 制造系统理论特征

（1）结构化与非结构化融合特征　现代制造系统是由结构化系统和非结构化系统交织作用共同构建的生产系统。企业制造的经典思维定式是通过提升装备性能、创新工艺方法、优化管理措施等方式，实现"优质、高效、低耗、绿色、安全"的主旨目标，普遍采用了结构化系统处理确定性问题，以固定的模式监管和控制生产过程的主要参数指标。然而实践表明，制造过程存在的不确定性因素远远超过了确定性因素，例如，原料的多源与成分的多变、工艺过程的随机事件以及影响产品品质的环境因素等。对生产、经营过程中各种事前无法控制的外部因素变化及其影响进行快速决策和敏捷响应，可以为企业竞争提供强大助力。当前，以数据、知识驱动的智能决策与预测和以软件定义方法构建的复杂网络系统模型，在处理非结构化数据方面表现出越来越卓越的实用价值。企业制造系统是个性化极强的复杂生态系统，结构化和非结构化融合是系统的基本特征。

（2）有限元特征　制造系统是由多种有限元子系统按照特定逻辑组成的复杂系统。制造系统是为实现预定生产目标而组织构建的系统，与传统的应用需求近乎无限的互联网系统不同，制造系统任务目标有限，应用需求有限，制造本体能力有限。原则上，越接近生产现场的子系统分工越明确，任务越专一。在给定的区域（如车间）内，每一种制造子系统均可视为输入输出内部逻辑关联的有限元子系统。系统的有限元特征决定了在逻辑约束条件确定的情况下，系统在给定时域范围内任意时刻的输入输出历史状态已知，当前时刻输入状态可测量，下一时刻输出状态可预期。复杂制造大系统按照工艺工序和业务管理可分解为功能相对独立的物理和逻辑子系统，子系统普遍呈现有限元特征。

（3）周期时序特征   制造系统总是以制造周期或节拍时间为约束，按照既定时间顺序组织生产资源制造目标产品。传感器及仪表周期性采集现场数据，工艺装备按照严格的时间顺序执行规定动作。工业自动化控制系统周期性监测生产过程关键参数，并按照特定时序发送指令，影响偏离回归，使得关键参数始终保持在工艺目标要求的数值范围内。全厂工序按照作业调度计划在规定时间内进行有序、协调和可控的生产活动。产品品质稳定和生产线稳定是准时交付的必备条件，越稳定的制造过程越表现出确定的周期时序特征。此外，领域不同，周期时序特征的确定性表现也不相同。通常，冶金、电力、煤炭、化工和石油等典型的流程生产领域，以及制药、轻工业等批量生产领域，对比飞机、武器装备、船舶、汽车等离散制造领域，会表现出更为确定和严格的周期时序特征。

（4）异构自治特征   制造系统是包含产品需求分析、产品设计、工艺规划、制造加工、装配集成、贮藏运输、销售售后及回收处理等生命周期各阶段任务的集合。生产需求的差异性决定了制造活动的专用性和多样性。由专用装备构成的制造系统都普遍具备专有的控制逻辑、数据库、信息模型和通信机制，形成一个个自治系统。随着信息化建设的不断推进，企业的企业资源计划（Enterprise Resource Planning，ERP）、制造执行系统（Manufacturing Execution System，MES）、生产监控系统、设备运行维护系统、产品在线检测系统、能源管理系统等逐步实现互联互通，共同构成复杂异构系统。制造系统的组织异构和逻辑自治是技术融合演进的必然结果。

1.4 5G 工业应用及其安全新需求

1.4.1 5G 网络的发展

移动通信（Mobile Communication）是指移动物体之间的通信，或移动物体与固定物体之间的通信。大约每十年，新一代移动通信网络就会发布一次，带来更快的速度和更强大的功能。第一代移动通信技术（简称 1G）带来了第一部手机，第二代移动通信技术（简称 2G）带来了更好的覆盖范围和短信，第三代移动通信技术（简称 3G）引入了带有数据/互联网特征的语音，第四代移动通信技术（简称 4G）提供了更高的速度以满足移动数据需求，第五代移动通信技术（简称 5G）实现了电信网络的彻底转型，提供了无处不在的宽带接入，可以满足更高的用户移动性，并以超可靠和负担得起的方式实现了大量设备的连接。

1. 第一代移动通信技术

第一代移动通信技术，起源于 20 世纪 80 年代，是最早的移动商用通信技术。该技术基于模拟传输技术，可提供模拟语音，实现语音通话。第一代移动通信技术通过将电磁波进行频率调制后，将语音信号转换到载波电磁波上，载有信息的电磁波发布到空间后，由接收设备接收，并还原语音信息，完成一次通话。这种模拟信号传输方式只能应用于语音传输业务，涵盖范围小、信号不稳定、语音品质低、抗干扰性差。

在应用领域，1G 虽然带来了通信方面的便利，但由于采用的是模拟技术，容量有限且安全性很差，加之不同国家因执行标准不同而互不兼容，使得移动通信并不能"全球漫游"，只能满足同种制式下的语音通话。

1979 年，1G 标准在日本东京被正式发布。1987 年，我国建成了第一个无线基站，在广东第六届全运会上开通第一代模拟移动通信系统并正式商用，其主要采用英国 TACS 系统，随之"大哥大"也进入我国。

2. 第二代移动通信技术

第二代移动通信技术，起源于 20 世纪 90 年代初。2G 通过引入数字无线电技术组成的数字蜂窝移动通信系统，引入了数字语音，首次可以为移动设备提供数据服务，使移动通信技术从模拟时代走向了数字时代。

2G 主要采用数字信号传输，主要业务是语音，可提供数字化的话音业务及低速数据业务。2G 在一定程度上弥补了 1G 模拟技术的弱点，显著降低了静态噪声和背景噪声，使话音质量、通信保密性能极大提升，系统容量明显增加，便利性增强，可实现省内、省际自动漫游。不过由于标准尚未统一，用户只能在统一制式覆盖的范围内进行漫游，无法进行全球漫游。

3. 第三代移动通信技术

第三代移动通信技术，采用支持高速数据传输的蜂窝移动通信技术，带来了移动数据，能够在全球范围内更好地实现无线漫游，并处理图像、音乐、视频流等多种媒体形式。

3G 采用码分多址（Code Division Multiple Access，CDMA）技术，现已基本形成了三大主流技术，包括：WCDMA、CDMA2000 和 TD-SCDMA。

3G 使用较高的频带和 CDMA 技术，由于工作频段高，具有速度快、效率高、信号稳定、成本低廉和安全性能好等优点。用户可以享受收看移动电视、参加视频会议等网络服务。

4. 第四代移动通信技术

第四代移动通信技术，将 3G 与无线局域网（Wireless Local Area Network，WLAN）进行了很好的结合，迎来了移动宽带时代，可以在任何地方用宽带接入互联网。

4G 有两大技术路线：LTE-Advanced 和 IEEE 802.16m。4G 无线通信的信号更加稳定，且速度快、传输质量高，信号覆盖广泛，具有较强的抗干扰能力。用户可以玩在线游戏、看高分辨率的视频和电视节目、召开高质量的视频会议。

5. 第五代移动通信技术

第五代移动通信技术，是多种新型无线接入技术和 4G 的集成，是一个统一的、功能更强大的空中接口，具有高速率、低时延、高可靠的基本特点。

5G 是针对现有架构的一种演进和重新构思，旨在从当前和将来的基础结构中获得最大的灵活性和运营效率。5G 引入了很多新的关键技术，主要包括无线传输技术和网络技术两大类。

1）在无线传输技术方面的创新包括：毫米波（mmWave）、大规模天线阵列（Massive MIMO）、载波聚合（Carrier Aggregation）、新型多址接入等技术。

2）在网络技术方面的创新包括：软件定义网络（Soft Defined Network，SDN）、网络功能虚拟化（Network Functions Virtualization，NFV）、多接入边缘计算（Multi-access Edge Computing，MEC）、网络切片（Network Slicing）等技术。

不论第几代移动通信，其网络架构基本相同，都是三级网络架构，由无线接入网、承载网、核心网组成。其中：

1）无线接入网是面向用户的，由基站组成的网络。

2）承载网负责将从基站接收到的用户数据，通过有线网络传输到核心网，发挥着类似"高速公路"的作用。

3）核心网是放置在电信运营商最安全的机房中的一堆通信设备的集合。

相比于 4G，5G 的无线接入网、核心网均发生了翻天覆地的变化，采用了大量新技术。在 3GPP R15 中，官方认定的 5G 组网架构是非独立组网（Non-Standalone，NSA）。在 NSA 下，现有的 4G 基站与 5G 基站都接入 4G 核心网，而 4G 核心网不需要硬件变更，只需要进行一些软件升级。NSA 重点满足增强型移动宽带（eMBB）的业务需求，可以使用户体验到 5G 的超高网速。独立组网（Standalone，SA）是纯粹的 5G 网络，完全新建一套 5G 核心网，既使用 5G 基站，又使用 5G 核心网。SA 可支持 5G 的另外两大应用场景——超高可靠低时延通信（uRLLC）与海量机器类通信（mMTC）。综上所述，SA 是 5G 网络架构的终极形态，可以支持 5G 的所有应用。

国际电信联盟（International Telecommunication Union，ITU）定义的 5G 三大应用场景（见图 1-1）为增强型移动宽带（eMBB）、超高可靠低时延通信（uRLLC）和海量机器类通信（mMTC）。其中，eMBB 适用于高速率、大带宽的移动宽带业务，主要用于提升个人消费业务的通信体验，使用户体验更加流畅、数据传输更加高效；uRLLC 适用于对时延和可靠性具有极高要求的垂直行业（如远程医疗、智能驾驶等）的特殊应用需求；mMTC 适用于以传感和数据采集为目标的应用场景，主要用于满足物联网的通信需求，实现人与物、物与物之间的广泛连接。

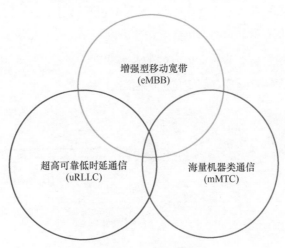

图 1-1 5G 三大应用场景

基于上述三大应用场景，5G 旨在将所有人和所有事物连接在一起，实现人与人、人与物、物与物的全面互联，使得更安全的交通、远程医疗、精准农业、数字化物流、工业制造等成为现实。5G 在工业领域的典型应用场景包括但不限于协同研发设计、远程设备操控、设备协同作业、柔性生产制造、现场辅助装配、机器视觉质检、设备故障诊断、厂区智能物流、无人智能巡检、生产现场监测等。

1.4.2 5G 工业专网组网与接入

1. 5G 工业专网组网

5G 网络制造系统通常采用虚拟专网网络架构，基于 5G 标准的网络架构实现边缘计算、网络切片、运维管理等能力。从应用场景、地理位置、服务范围等角度，5G 工业虚拟专网可以分为广域虚拟专网和局域虚拟专网两大类。

广域虚拟专网网络架构如图 1-2 所示，其主要由运营商公共网络、企业云平台、5G 虚拟专网自服务管理平台等部分组成。对于跨区域的工业专网通道，可以通过切片专网和平台，在任何地点实现切片专网内的互访。广域虚拟专网的业务平台一般部署于集中云位置，也可以根据特定需要在特定位置的网络边缘计算平台部署子系统。

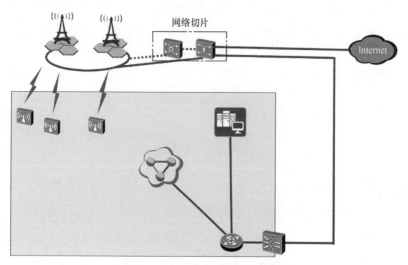

图 1-2 广域虚拟专网网络架构

局域虚拟专网网络架构如图 1-3 和图 1-4 所示，其主要由基站、

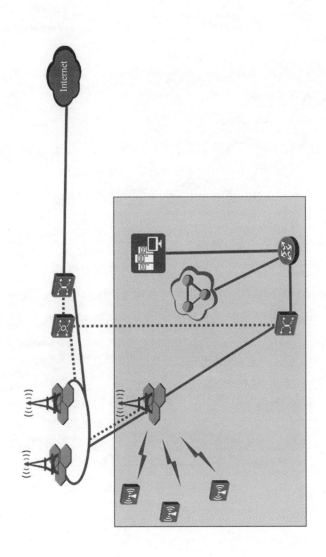

图 1-3　局域虚拟专网网络架构 1

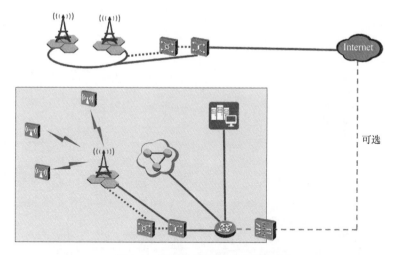

图 1-4　局域虚拟专网网络架构 2

UPF、边缘计算平台、企业业务平台、5G 虚拟专网自服务管理平台等部分组成。局域虚拟专网中的各类业务平台可部署于系统的边缘计算平台，也可以是企业自有的业务平台，以承载网络制造系统各类平台或应用，如数据采集平台、协同研发平台、数据分析平台等。

2. 5G 工业专网接入

基于 5G 网络的工业无线通信网络可以为工厂提供企业/车间层、监视控制层、现场控制层和设备层的数据传输，制造系统组成及信息流示意如图 1-5 所示。

工业 5G 网络可支持以下典型的网络连接：

1）现场设备与可编程控制设备（PLC、DCS 控制器或 IPC）的连接。

2）可编程控制设备与 HMI、SCADA 或 MES 等的连接。

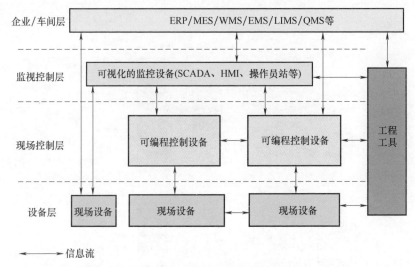

图 1-5　制造系统组成及信息流示意图

3）工程工具（包括各种编程工具、组态工具、调试工具等）的连接。工程工具可通过工业 5G 网络访问现场设备和可编程控制设备，但是该访问仅在组态或调试期间存在。

4）现场设备的多个分组（有或没有控制器）的相互连接，或其与更高层（HMI、SCADA 等）系统的连接。

5）现场设备之间的连接。

6）MES 和现场设备的连接。

7）可视化的监控设备与 MES 等系统的连接。

当现场设备、可编程控制设备、监控设备以及 ERP/MES/WMS/EMS/LIMS/QMS 等具有 5G 网络接入能力，可通过 5G 网络进行连接时，这些设备统称为工业 5G 网络终端设备。

工业 5G 网络接入示意如图 1-6 所示，部署位置仅用来说明工厂内设备和工业 5G 网络的连接关系，其中工业 5G 网络由 5G 终端设备和 5G 网络设备构成。5G 网络设备包括基站设备和核心网设

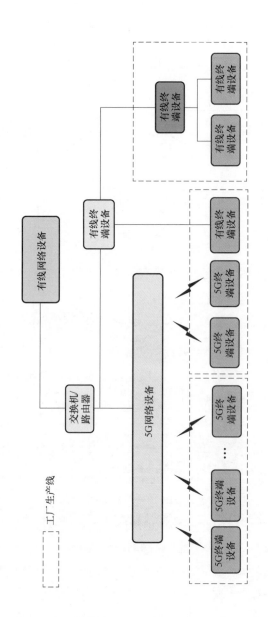

图 1-6 工业 5G 网络接入示意图

备，用于将 5G 终端设备上的数据发送到接收端或将发送端的数据发送给 5G 终端设备，其中基站设备负责无线侧数据包的收发。

1.4.3 5G 工业应用安全新需求

5G 在应用过程中的自身特征与应用场景特点导致制造系统产生新的安全特征和安全需求。

1. 安全特征

（1）5G 网络脆弱性 当前工业互联网的无线通信主要采用短距无线、Wi-Fi 专用无线网络和传统 2G/3G/4G 无线网络。这些网络技术设备连接数量有限，覆盖范围受限，带宽不足，因此工厂联网仍主要采用有线专网方式。5G 网络的引入将有效弥补现有无线通信方式的不足，为工业互联网提供覆盖范围更广、桥接能力更强的网络连接。5G 网络由于自身引入了多项新的关键技术，包括网络功能虚拟化、边缘计算、网络切片和网络能力开放，提供了云化网络基础设施，能够实现按需调用、功能重购和智能部署。这些新技术自身可能存在一些安全脆弱点，例如，虚拟化的管理控制功能高度集中，开源第三方软件可能包含安全漏洞；网络切片的安全隔离机制若不恰当，会影响多个切片安全；边缘节点遭受物理攻击的可能性增加；为实现网络能力开放而引入的开放接口使网络从封闭转向开放。这些安全的脆弱点可能会对安全性要求极高的工业制造系统带来挑战，成为攻击者新的攻击目标。

（2）攻击面增大 5G 的两种典型应用场景是海量机器类通信（mMTC）和增强型移动宽带（eMBB）。5G 在制造系统中的应用领域广泛（如机器人调度、远程操控）、接入设备繁多（如物料监控终端、设备监控终端、环境监测终端）、应用地域分散（如无人值守站）、设备供应商标准分散、业务种类多（如高清视频交互）。海量物联网终端具有较强的异构性，主要源于集成商往往采购商用货架产品、第三方和专有组件，用于构建网络制造系统的数据采集、数据分析、动作执行等应用程序和功能，而每个产品都有自己的信息安全问题。例如，某类系统可能由不同实体制造或实现，并最终由系统部署人员集成而来。因此，这种更加集成而非设计的特征会导致每类产品的固有漏洞在泛在连接场景下更容易被攻击，从而威胁了 5G 网络制造系统的安全运行。同时，大量功耗低、计算和存储资源有限的终端难以部署复杂的安全策略，将会成为攻击目标，一旦被攻击容易形成规模化僵尸网络，进而引发对制造系统应用程序的网络攻击，破坏工控系统的可用性，引发连锁故障或事故。

（3）攻击路径多样化　5G 的第三个典型应用场景是超高可靠低时延通信（uRLLC），主要包括工业互联网、车联网场景等，用于解决现网容量、可靠性、时延尚无法满足智能制造绝大部分场景需求的问题。随着 5G 与工业互联网技术的深度融合，信息技术（Information Technology，IT）网络和运营技术（Operational Technology，OT）网络比以往任何时候都更加紧密互联。在此之前，物理隔离在大多数工控系统中占据了主导地位，关注点在于设计既可靠又安全的工控系统。由于这些系统被认为是与外界隔离的，因此认为网络攻击并不会导致物理空间的物理性破坏。例如，在传统制造系统中，信息安全依赖于系统与外界的隔离，并且监控和控制操作在本地执行。随着 5G 对 IT 网络和 OT 网络的融合发展的加速，隔离假设已经不再适用，系统逐渐互联互通，网络空间和物理空间的耦合节点增多，生产安全管理与网络安全管理的界限逐渐模糊，为网络攻击从 IT 网络渗透至 OT 网络提供了更多可行路径。

（4）安全事件后果严重 从性能指标看，5G 网络能够满足毫秒级的时延要求，但 5G 在工业互联网机械设备控制应用中，需要快速响应，在确定时间周期内提供稳定可靠、端到端、确定化的服务能力。一旦网络攻击引起服务能力出现偏差，网络安全风险将衍生为安全事故，甚至有可能导致重大人员伤亡和环境污染等。

5G 网络将对工业互联网生产设备的安全防护提出更高要求。传统生产设备以机械装备为主，重点关注物理和功能安全，5G 网络将使得生产设备和产品暴露在网络攻击之下，木马病毒在设备间的传播扩散速度将呈指数级增长，安全漏洞也容易被黑客利用，大规模部署的工业产品的修复、维护难度也较大。

2. 安全需求

在新形势下，针对 5G 新技术发展应用带来的业务开放广泛、系统互联互通，进而导致制造系统面临新型信息物理攻击风险增加的问题，亟须根据信息物理攻击特点，构建有针对性、体系化的 5G 网络制造系统纵深防护框架。本书依托"十三五"国家重点研发计划"网络协同制造和智能工厂"重点专项（项目编号：2020YFB1708600）课题团队前期研究基础，着眼 5G 网络制造系统的新特征及纵深安全防护内涵，提炼、梳理并系统性提出了涵盖"风险评估、纵深防护、安全监测、应急处置"的技术框架，为工业化与信息化深度融合背景下系统安全韧性的提升提供了参考，同时为相关研究提供了参考。

（1）风险评估 风险评估是基础，可为确定安全防护措施，建立安全监测能力，开展应急准备与响应提供输入性信息。第三章提出了基于工艺偏离的风险评估方法，该方法以表征安全状态的工艺参数偏离为驱动，构建了全域安全措施失效概率演算方法，可分析预测潜在危险事件，判定事件的风险等级，基于风险可接受准则确定残余风险，可更加精准地评价网络制造系统的风险现状。

（2）安全防护　安全防护是信息域攻击事件或物理域破坏事件发生前的保护手段。针对网络制造系统的安全需求，第四章提出了一种大纵深安全防护策略，具体为一种基于工艺安全风险部署信息安全、功能安全和物理安全多层防护措施的安全防护体系。从全局安全视角出发，围绕工艺危险源建立系统内生安全防护机制，可有效抵御系统受到网络攻击而造成的不可接受风险。

（3）安全监测　安全监测贯穿平时和战时的物理域和信息域的态势感知，第五章从具有高可监测性的物理域出发，提出了多源数据与模型机理驱动的物理域异常状态监测方法，有效提升了对隐蔽攻击行为的监测能力。在识别物理域异常状态基础上，结合制造系统信息域异常监测结果与环境要素，进行跨域攻击全景关联分析，逆向绘制攻击路径和攻击行为画像，为有效监测不可预测攻击事件提供了一套理论方法。

（4）应急响应　应急响应是网络攻击或物理破坏事件发生后的行为。传统应急响应机制主要以面向 IT 网络或 OT 网络的"个体单元"建立，而 IT 网络与 OT 网络融合趋势下的应急协同机制建设相对缓慢或缺失。对于重大信息物理攻击事件，需要跨领域、跨区域、跨部门的应急力量共同参与响应处置与恢复，平时应急规划与准备比以往任何时候都显得更迫切、更加急需。本书以情景构建理论框架为依据，聚焦 5G 网络制造系统，着重从情景构建、应急协同体系及运行机制层面介绍应急准备要点，以期为数字化转型背景下企业应急能力的建设提供依据。

1.5 网络制造系统安全的钟云二象特性

科学哲学大师卡尔·波普尔（Karl Popper）在 1966 年提出事物的"钟与云"二象特性。波普尔认为，事物兼具两类特性，一类是云，一类是钟。云用来代表不规则、无序和难以预测的特性，而钟用来代表稳定而准确的规则性、有序性和高度可预测性的特性。

云型的特点是不确定性，就像天上的云一样难以捉摸，这类事件的影响因素不明确，事件的结果具有无序性和难预测性。钟型的特点是确定性，就像时钟的运行一样准确规律，这类事件的影响因素非常明确，事件的结果具有有序性和可预测性。

网络制造系统的安全呈现典型的钟云二象特性，网络攻击手段的日新月异导致无边界网络信息安全防护呈现随机混沌状态，而制造系统的特性决定了不可接受风险由工艺原始风险规则支配。网络制造系统的安全钟云二象性呈现相互趋近、转化和关联特性。

（1）钟云二象趋近 网络制造系统的安全状态总是在一定的条件下由钟型导向云型，也可以在一定的条件下由云型导向钟型。网络环境的恶化会导致系统的原始风险与现有风险之间的差距不断增加，使得系统趋向暴露于不可接受风险的环境；而通过不断加固系统和增加安全措施又使得系统趋于安全稳定状态。

（2）钟云二象转化 工业现场不存在完全孤立的云型安全要素，总能够与其他钟型安全要素建立系统关联关系。实际的生产过程是由人、机、料、管、环各方面要素构成的复杂生态系统，具有浩如星空的时间和空间属性。任何生产现场发生的安全事件，其背后都有着千丝万缕的联系。

（3）钟云二象关联　求解呈现云型的复杂网络制造系统的安全问题，往往可以通过分析工业机理和控制逻辑，趋近于求解钟型安全问题。在解决工业现场安全问题时，不一定要求将每一类安全技术都应用到极致，或各环节单元均达到最高安全水平，而是需要权衡把握环节之间的整体效应，在保障生产效率的前提下使系统的整体安全性达到最优状态。

从不同视角出发，解决安全问题的方法存在根本差异。

从信息域的视角出发看网络制造系统的安全问题，是讨论在高耦合、多维、复杂、异构网络架构下寻求最优防护策略的问题，求解问题的方向是采用多约束限定条件下的解耦、降维方法，求得最优量化结果。由于约束与限定的离散特性，收敛到精确解的准确性具有不确定性特征。

从物理域的视角出发看网络制造系统的安全问题，是讨论围绕危险源设置保护层的问题，求解问题的方向是采用有限元分析方法，求得进入安全稳态的约束条件。由于限值无条件状态迁移的影响因素有限，求得精确解的准确性会导向依赖于器件的可靠性，而可靠性可视为确定性特征。

当某种简单决定论的规则无穷迭代作用于一个网络制造系统时，我们必然看到一个混沌随机的状态；而这看似毫无规律可循的混沌系统，在时间域与空间域的放大作用下，又必然会形成有规律的系统规则。

第 2 章

5G 网络制造系统的安全架构

2.1　安全架构的设计原则

大纵深防护是为解决复杂系统的整体安全问题而开发、研究出来的安全工程理论和方法体系，贯穿于系统的整个生命周期。在一个新工程的需求分析阶段就必须考虑其大纵深防护的问题，制定并执行整体安全规划和设计，实施安全综合控制措施。大纵深防护遵循全局安全、整体安全最优、实践性、融合性、动态性原则。

（1）全局安全　针对工业现场安全事件应从全局出发处理，其理论基础在于不存在完全孤立的安全要素，安全要素总能够通过相似性原理组成安全系统；在复杂安全系统内部及其外部关联的其他安全系统之间存在相互作用关系；安全系统在一定的条件下可以由有序导向无序，也可以在一定的条件下由无序导向有序。

（2）整体安全最优　整体安全最优是以空间和时间全程综合效果为评判依据，它并不等于构成系统的各个安全要素都能达到最优。关于多安全目标和互相矛盾的安全要求之间的取舍，必须有一个合理的妥协和折中。竞争使得个体的最优选择总是依赖于其他主体的选择，具有多主体系统中主体间相互影响又相互博弈对抗的特征。因此，决策的目标往往不是追求理想的最优状态，而是最可能优化的合理选择。

（3）实践性　工业实践是检验理论体系合理性和可行性的唯一方法。在处理系统安全问题时，不能仅以数学模型推导和理论分析作为实践检验证明，在相似工业环境下出具的试验数据是检验依据的最低标准。事实上，经过使用验证的方案通常是系统设计的首选。

（4）融合性　鉴于工业生产体系的复杂性和多样性，安全系统工程的实施一般需要考虑两方面的融合性因素。一方面是知识融合，具备工艺、控制、计算机、管理等各方面学科知识的人员联合攻关是实现整体安全最优的关键；另一方面是技术与管理融合，新技术的应用需要经历必然的发展成熟阶段，同时也必须考虑企业经济条件的现实制约，技术实现不能满足最优解时，必须用安全管理来补偿。

（5）动态性　随着时间的推移，在内在、外部条件变化驱动下，系统的安全状态总会以一定的规律向有序或无序方向转移。通过研究各种安全要素发展变化的趋势、动因和规律，掌握和预测系统安全状态的变迁进程，可以在不可接受风险到来之前采取必要措施，有效控制系统风险。

2.2　安全架构的设计思路

要做好网络制造系统信息安全防护，必须理解制造系统信息安全防护的本质。安全设计人员除了需要充分认识制造系统的安全缺陷和各类攻击手段之外，还应该深入理解制造系统的工艺安全特性。安全缺陷和攻击是诱发制造系统信息安全事件的原因，而制造系统的工艺安全特性决定了信息安全事件后果的最高严重等级。网络制造系统本身无法做到百分之百无漏洞，未知攻击具有不可预测性，同时制造底层控制逻辑为保证工艺过程的可用性，不适用于增加过多的传统信息安全防护措施。信息安全攻击作用于离散制造系统有可能造成业务连续性损失和财产损失，而同等强度的攻击施加于流程制造系统将可能导致重大人员伤亡和环境污染。

制造系统的安全性取决于它最薄弱环节的安全性。评判一个系统是否安全时，不应该只看它采用了何种先进的信息安全防护措施，更应该了解它还存在何种弱点。通常，无意识的攻击和显性的多节点攻击可能造成制造系统的局部失效或大范围的业务连续性损失，但并不足以直接诱发重大危险事故。然而，有组织的攻击会利用软件漏洞获取工艺链多个关键节点的控制权，隐性预置触发逻辑，待条件成熟时，通过带关键字的正常报文，顺序或并行触发多个关键节点的预置逻辑，瞬时变更工艺参数，阻断安全防护链路，造成一击致命的重大安全事故。

2.3 安全管理

在实际的工业现场，针对网络控制系统面临的各种威胁，安全管理和技术是密不可分的，甚至有"三分靠技术、七分靠管理"的说法，两者互相促进，共同构成可靠的安全防护体系。企业在进行大纵深防护工程实践过程中，有安全管理评价指标体系，共包含十七个要件，这些要件可根据实际需要合并或扩展。

（1）大纵深防护方针　企业应有一个经最高管理者批准的安全方针，该方针应清楚阐明安全总目标和改进安全绩效的承诺。

（2）对危险源辨识、风险评价和风险控制的策划　企业应建立并保持程序，以持续进行危险源辨识、风险评价和实施必要的控制措施。

（3）法规和其他要求　企业应建立并保持程序，以识别和获得适用的法规和其他安全要求。企业应及时更新有关法规和其他要求的信息，并将这些信息传达给员工和其他相关方。

（4）安全目标　企业应针对其内部各有关职能部门，建立并保持形成文件的安全目标，而且目标宜予以量化。

（5）安全管理方案　企业应制定并保持安全管理方案，以实现其目标。方案应包含形成文件的：①为实现目标所赋予企业有关职能部门的职责和权限；②实现目标的方法和时间表。

（6）结构和职责　对企业的活动、设施和过程的安全风险有影响的从事管理、执行和验证工作的人员，应确定其作用、职责和权限，形成文件，并予以沟通，以便于安全管理。安全的最终责任由最高管理者承担。企业应在最高管理者中指定一名成员作为管理者代表承担特定职责，以确保安全管理体系正确实施，并在企业内所有岗位和运行范围执行各项要求。

（7）培训、意识和能力　对于其工作可能影响工作场所内安全的人员，应有相应的工作能力。在教育、培训和经历方面，组织应对其能力做出适当的规定。

（8）协商和沟通　企业应具有程序，确保与员工和其他安全信息相关方进行相互沟通。应将员工参与和协商的安排形成文件，并通报相关方。

（9）文件　企业应以适当的媒介建立并保持下列信息：①描述管理体系核心要素及其相互作用；②提供查询相关文件的途径。

（10）文件和资料控制　企业应建立并保持程序，控制本标准所要求的所有文件和资料。

（11）运行控制　企业应识别与所认定的、需要采取控制措施的风险有关的运行和活动。

（12）应急准备和响应　企业应建立并保持计划和程序，以识别潜在的事件或紧急情况，并做出响应，以便预防和减少可能随之引发的疾病和伤害。企业应评审应急准备和响应的计划和程序，尤其是在事件或紧急情况发生后。如果可行，还应定期测试这些程序。

（13）绩效测量和监视　企业应建立并保持程序，对安全绩效进行常规监视和测量。

（14）事故、事件、不符合、纠正和预防措施　企业应建立并保持程序，确定有关的职责和权限，以便：①处理和调查事故、事件、不符合；②采取措施减小事故、事件或不符合产生的影响；③采取纠正和预防措施，并予以完成；④确认所采取的纠正和预防措施的有效性。

（15）记录和记录管理　企业应建立并保持程序，以标识、保存和处置安全记录，以及审核和评审结果。安全记录应字迹清楚、标识明确，并可追溯相关的活动。安全记录的保存和管理应便于查阅、避免损坏、变质或遗失。应规定并记录保存期限。

（16）审核　企业应建立并保持审核方案和程序，定期开展安全管理审核，以便：①确定安全管理体系是否符合安全管理的策划安排，包括要求是否得到了正确实施和保持，是否可有效地满足企业的方针和目标；②评审以往审核的结果；③向管理者提供审核结果的信息。

（17）管理评审　企业的最高管理者应按规定的时间间隔对安全管理体系进行评审，以确保体系的持续适宜性、充分性和有效性。管理评审过程应确保收集到必要的信息以供管理者进行评价，管理评审应形成文件。管理评审应根据安全管理体系审核的结果、环境的变化和对持续改进的承诺，指出可能需要修改的安全管理体系方针、目标和其他要件。

2.4　安全架构模型

　　随着 5G 技术与制造系统的深度融合，制造系统逐渐向"扁平化"和"层级化"混合、无线和有线混合的异构复杂结构演进，使得 5G 网络制造系统安全约束不断增多、安全边界逐渐模糊。与传统的工控信息安全相比，基于 5G 的服务化架构使得传统工业智能制造系统体系结构发生改变。传统的纵深防护思想对于持续变化的内外部安全威胁缺乏足够的监测与防护能力，迫切需要发展面向 5G 网络制造系统的新理论与新技术。

　　针对 5G 网络制造系统采用有别于传统信息安全纵深防护的大纵深防护策略，基于工艺安全部署信息安全、功能安全和物理安全多层防护措施，根据全局最优原则等实现系统工艺的内生安全，可有效解决系统受到网络攻击或发生随机性失效等带来的工艺安全威胁。5G 网络制造系统安全架构模型如图 2-1 所示。

　　5G 网络制造系统安全架构模型的内核是"5G 网络制造系统的内生安全"。5G 网络制造系统为保证工艺过程的可用性，往往不宜增加过多的传统信息安全防护措施。然而，一旦 5G 网络制造系统受到攻击导致物理破防，很有可能造成业务连续性损失和财产损失，甚至导致重大人员伤亡和环境污染。内生安全是动态的，具有自优化特性，可以根据系统面临的态势进行防护措施的匹配调整，从而将系统承受的风险降到可接受水平。

　　5G 网络制造系统的关键是纵深防护。本书中提到的纵深防护为涵盖信息安全、功能安全与物理安全的"大纵深防护"，不同

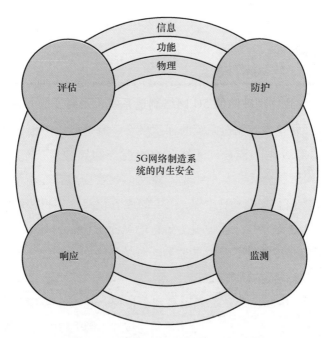

图 2-1   5G 网络制造系统安全架构模型

于 IEC 62443 中局限于信息安全的纵深防护。为了有效应对 5G 网络制造系统信息安全防护措施被突破或者系统发生随机性失效等威胁，企业应基于工艺安全部署信息安全、功能安全和物理安全多层防护措施。每一层级都是自治的，不依赖于相同的功能，与其他防护层也不具有相同的失效模式，某一层的缺陷可以通过其他层的能力来缓解。通过大纵深防护策略，可以有效保障系统工艺安全。

　　5G 网络制造系统安全架构模型涵盖系统安全生命周期的各个阶段，包括风险评估、大纵深防护、安全监测和应急处置。首先，需要评价 5G 网络制造系统的风险现状，辨识出制造过程中的潜在的威胁因素，基于现场工艺考虑危险事件的后果严重程度，对工艺过程进行全面风险分析；其次，要针对 5G 网络制造系统进行大纵深防护，部署信息安全、功能安全到物理安全多层级防护措施；再次，通过在识别制造本体异常状态基础上添加工业控制系统及设备的资产特征等技术，实现对安全威胁的有效监测；最后，针对已经遭受攻击导致物理破防的 5G 网络制造系统，及时实施预制的应急处置策略。

第 3 章

基于工艺偏离的风险评估方法

3.1 概述

5G 在为工业生产带来创新发展的同时，也带来了全新的安全问题与挑战。OT 网络传统上是物理隔离的，并采用严格的边界防护和访问控制措施。但是，当在工业环境中通过采用具有 5G 能力的设备和平台引入 5G 时，传统的基于 ISA99 普渡模型的工业企业各层之间的边界防护措施将不再有效。工业 5G 网络打破了过去人机物之间、工厂与工厂之间、企业上下游之间彼此相对独立、纯物理隔离的状态，构建了一个互联互通的工业网络。连接 5G 的设备、平台和应用程序，可以直接发送和接收数据，而不必通过普渡模型定义的执行边界。OT 和工业物联网（Industrial Internet of Things，IIoT）设备的暴露，以及企业、OT 供应商、IIoT 制造商、移动网络运营商等之间的相互作用，均增加了工业 5G 的网络安全挑战，可能引发网络安全事件，从而导致企业生产装置损坏、工业数据泄露、人员伤害、环境污染、经济损失，甚至危及国家安全等。因此，开展工业 5G 的网络安全风险评估相关技术研究，对于保障工业企业的安全高质量发展具有重要意义。

传统的信息安全风险评估，与生产制造现场工艺的结合不紧密，部分高危风险未被有效发现。传统的过程危害分析未考虑信息安全攻击的原因。

5G 网络制造系统网络安全风险评估，需要考虑信息安全相关的威胁（破坏性恶意软件、DoS 攻击）以及可能导致过程安全相关的后果（死亡或伤害、环境危害、设备损坏）。目前，已有成熟的过程工业风险评估方法。因此，5G 网络制造系统网络安全风险评估的最佳解决方案不是从头开始进行新的研究，而是扩展现有研究以纳入新的风险评估目标和要求。

下文提出了一种基于工艺偏离的风险评估方法，可用于辨识典型工艺参数的潜在危险，确定生产过程的主要风险节点。通过结合现场生产状态，对工艺过程进行时序逻辑分析，能够更加精准地评价 5G 网络制造系统的风险现状，提出具有相应降险能力的风险降低措施，并以典型的柴油加氢工艺过程为例，给出了案例分析。

3.2 风险评估方法流程与实例

基于工艺偏离的风险评估方法，结合现场生产状态，监测关键工艺参数（如压力、流量、温度、液位）的变化，关注过程控制正常状态的有实际意义的偏离，分析导致偏离产生的信息安全原因，追溯信息安全攻击路径，确定可能导致的危险事件的严重后果，结合风险矩阵判定事件的风险等级；基于风险可接受准则，确定残余风险；针对不可接受风险，提出纵深防护的风险降低措施。风险降低措施是为了将风险降低到可接受的水平或满足安全策略而采取的行动或制定的规定，风险降低措施通常不能彻底消除风险。

5G 网络制造系统可采取以下 3 种类型的纵深防护措施，来实现风险降低（见图 3-1）。

1）信息安全防护措施，如防火墙、网闸、终端防护软件等。

2）功能安全防护措施，如安全仪表系统等。

3）物理安全防护措施，如减压阀、爆破片、放空管、消防系统等。

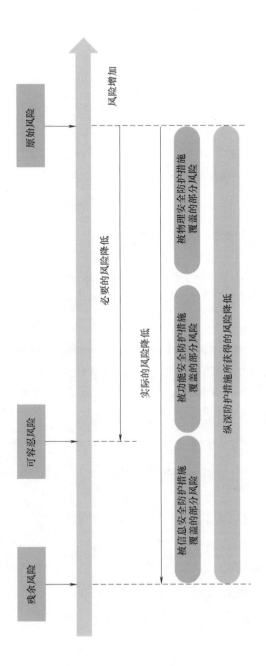

图 3-1   纵深防护措施所获得的风险降低

风险降低措施是可以独立实现安全防护功能而不受其他风险降低措施失效影响的安全防护措施。每种类型的风险降低措施具有不同的失效概率 P。P 为系统要求风险降低措施应发挥作用时，该措施不能完成所要求任务的概率。风险降低措施的失效概率 P 的计算公式为

$$P = P(x_1 x_2 x_3 \cdots x_n) \times P(y_1 y_2 y_3 \cdots y_n) \times P(z_1 z_2 z_3 \cdots z_n)$$

式中，x_i 为信息安全措施的失效概率（$i = 1$，2，$\cdots$，n）；y_i 为功能安全措施的失效概率（$i = 1$，2，$\cdots$，n）；z_i 为物理安全措施的失效概率（$i = 1$，2，$\cdots$，n）。各风险降低措施之间相互独立。

风险降低措施的设计目标是失效概率 P 的值恒趋近于 0；并且，假设信息安全措施的失效概率为 0 和 1 两种取值。

在不同的应用场景中可能有不同类型的风险降低措施。一个场景可能需要一个或多个风险降低措施，风险降低措施的数量取决于工艺过程的复杂程度和潜在的危险性。那么对于不同的组合类型，风险降低措施的失效概率 P 有以下几种情况：

1）如果只有信息安全措施，则风险降低措施的失效概率 P 只依赖于信息安全措施的失效概率，为 0 或者 1。

2）如果有功能安全措施和/或物理安全措施，由于功能安全措施和/或物理安全措施的失效概率较低（如 10^{-3}），则信息安全措施的失效概率对整体风险降低措施的失效概率的影响可以忽略不计。

在实际应用过程中，风险降低措施的失效概率 P 值的确定，应参照企业标准或行业标准，经分析小组共同确认或通过适当的计算确认。在选择风险降低措施的类型时，可基于制造系统的实际生产需求，综合考虑。

基于工艺偏离的 5G 网络制造系统风险评估流程图，如图 3-2 所示。

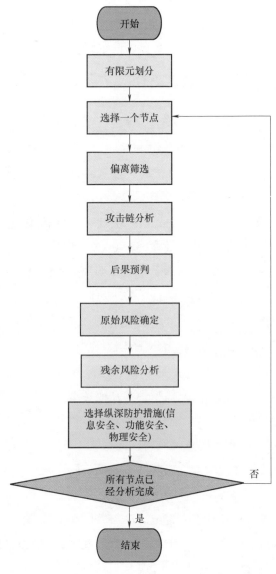

图 3-2 基于工艺偏离的 5G 网络制造系统风险评估流程图

3.2.1　有限元划分

有限元划分主要是确定被评估系统、划分节点。

1. 确定被评估系统

被评估系统（System Under Consideration，SUC），是指提供完整自动化解决方案所需的确定的工业自动化和控制系统资产集，包括任何相关的网络基础设施资产。

在开展风险评估之前，首先需要确定 SUC，主要包括梳理系统要素、划分安全边界和识别所有接入点。5G 网络制造系统风险评估的范围包括 5G 网络制造生产过程及其涉及的生产设备设施。

SUC 可以包括多个子系统，如基本过程控制系统（Basic Process Control System，BPCS）、分布式控制系统（Distributed Control System，DCS）、安全仪表系统（Safety Instrumented System，SIS）及监控和数据采集系统（Supervisory Control and Data Acquisition，SCADA）等。SUC 还可能包括新兴技术，如工业物联网和云服务技术。如果工业物联网或云服务技术被用于执行 OT 级别的功能，则它们必须包括在 SUC 内。

2. 划分节点

节点是指所选择的一个或多个研究对象。在完成 SUC 识别之后，下一步应针对制造系统的有限元特性，开展节点划分。每个子系统均可被称为节点。

节点划分方法如下：

1）以工艺过程为依据，考虑功能分区、压力分界、阀门截断等因素，对工艺控制进程进行节点划分。节点可以是一台泵、一个容器、一段工艺过程或整个工艺过程，例如，将系统划分为收油、输油、倒罐、掺混、清管发送、维修检修等工艺过程。

2）按照设备功能的不同。将不同的设备划分为不同的节点。

3）依据资产的关键性、操作功能、物理或逻辑位置、所需访问权限（例如，最低特权原则）或责任组织，将系统和相关资产划分为一个节点。

可基于 IEC 62443，将 SUC 划分为不同的节点（区域），区域与区域之间通过管道进行连接。

3.2.2 偏离筛选

基于工艺偏离的风险评估首先应选择一个节点，然后针对该节点的关键工艺参数识别偏离。通过使用引导词和偏差，以头脑风暴的方式来发现偏离的诱因和后果，识别和分析过程安全风险。

1. 工艺参数

在划分节点后，需要为划分的每一个子系统确定需要考虑的关键被控工艺参数。

在工艺过程中，表征过程的关键参数有温度、压力、流量、液位、成分、浓度等。对工艺参数进行控制，可以使被控工艺参数按照生产过程要求，维持在稳定的变化范围内。被控工艺参数能直接反映生产产品产量，以及运行安全状态等。

2. 引导词

引导词分析法是按照科学的程序和方法，用引导词来定性或定量地给出针对工艺参数的偏离，以头脑风暴的方式来模拟出相应的非正常工况，找出引发偏离的诱因和偏离的后果。引导词分析法是系统地针对工艺过程中的每一个节点，将每一个引导词应用在工艺参数上，如此重复，直到整个工艺过程分析完毕。用引导词来描述要分析的问题，可以确保分析的统一性、系统性。常用的引导词及其含义见表 3-1。

表 3-1　常用的引导词及其含义

引导词	含义
空白	设计或操作要求的指标归零和事件完全不发生，如无流量、无压力
过量	与标准值相比，数值偏大，如温度、压力、流量等数值偏高
减量	与标准值相比，数值偏小，如温度、压力、流量等数值偏低
伴随	在完成既定功能的同时，伴随多余事件发生，如物料在输送过程中发生组合及相变化
部分	只完成既定功能的一部分，如组分的比例发生变化、无某些组分
相逆	出现和设计要求完全相反的事或物，如流体反向流动，加热而不是冷却，反应向相反的方向进行
异常	出现和设计要求不相同的事或物，如发生异常事件、开停车、维修、改变操作模式

3. 偏离

确定有意义的偏离，即将每一个工艺参数与引导词进行组合，即引导词+工艺参数=偏离。

排除没有意义的组合，保留具有实际意义的组合，即得到可能的偏离。同时，还应该明确每一个组合的含义，如"温度"这一参数，与引导词中的"过量"相组合，得到"温度高"这一偏离，那么可以解释为介质温度高于可接受的正常工艺温度。

3.2.3 攻击链分析

在攻击链分析阶段，应识别导致偏离的信息安全攻击链，并记录信息安全攻击链发生的可能性（在没有任何应对措施的情况下）。

1. 控制逻辑

风险分析团队应围绕工艺偏离情况，分析该工艺过程的控制逻辑，梳理导致偏离的信息安全原因。

工艺过程控制是指以温度、压力、流量、液位、成分等工艺过程参数作为被控工艺参数的自动控制。每个工艺参数的控制均由过程控制系统实现。

过程控制系统是指以生产工艺参数为被控工艺参数，使之接近给定值或保持在给定范围内的自动控制系统。过程控制系统架构包括测量仪表、控制器、执行器及其接口等，如图 3-3 所示。

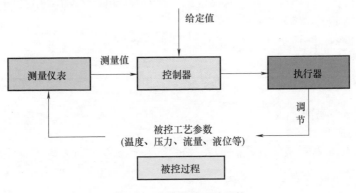

图 3-3 过程控制系统架构

与工艺过程运行密切相关的主要因素有三个：测量仪表、控制器和执行器。测量仪表用于监控工艺过程的状态参数，并通过控制网络将传感数据发送到控制器；控制器根据传感数据计算相应的调控量，向执行器发送控制信号（包括参数值、执行时间和执行时序逻辑等信息）；执行器执行命令以操作制造系统。

如果攻击者针对工艺过程开展攻击，则可通过以下方式之一进行：

1）修改测量仪表输出值，使得测量仪表输出不正确的测量值。

2）修改控制器的执行时序逻辑，如采用两个命令之间不正确的时间间隔、采用不正确的命令顺序逻辑等，使得控制器发出不正确的命令。5G 网络制造系统中有大量带有指定动作顺序的制造装备，如自动装配、自动传送、自动搬运和自动上下料等，具有顺序动作和周期性的特点，须按照指定的顺序循环执行控制指令。

3）修改执行器输入值，使得执行器忽略控制输入或执行不正确的命令，在不被已有检测算法发现的情况下，改变受控的工艺参数，扰乱正常生产过程，导致进入不安全的状态。

无论采用上述哪种攻击方式，攻击者均为通过影响测量仪表、控制器或执行器，发送与所期望的行为不符的恶意传感器或控制器数据，最终影响到工艺过程。

5G 网络制造系统的工艺过程控制可以被认为是参数值、执行时间和执行时序逻辑的组合，并通过工艺过程的状态值来表示。因此，本节提出了一种通过识别被控制的过程工艺状态偏离的方法来实施网络安全风险评估。

5G 网络制造系统工艺参数偏离是指测量值相比给定值出现了偏差。针对每个工艺偏离场景，进行如下分析（见图 3-4）：

1）暴露面。

2）攻击路径。

3）攻击来源。

图 3-4　攻击链

2. 暴露面

暴露面需要针对每个工艺参数偏离场景，结合控制逻辑，梳理系统组件与边界。攻击者可通过网络制造系统的暴露面攻击系统关键部件，使系统进入不安全状态。

5G 网络制造系统的参考模型如图 3-5 所示。第 1 层~第 3 层的资产有可能导致第 0 层发生变化并影响物理过程；第 4 层由企业系统组成，通常构成一个联网的 IT 网络［或企业广域网（Wide Area Network，WAN)/局域网（Local Area Network，LAN)］。

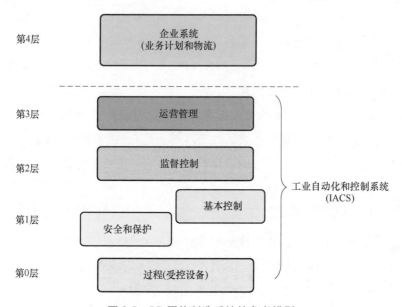

图 3-5　5G 网络制造系统的参考模型

综上，5G 网络制造系统的暴露面包括但不限于以下方面：

1）控制系统/组件。控制系统/组件包括控制工艺参数的测量仪表、控制器、执行器等。

2）远程访问。远程访问来自外部网络、互联网等远程连接，攻击者可以通过 ERP 软件、网关、数据和文档存储库，以及在线历史数据库进行攻击。

3）交互接口。交互接口指可访问系统的人机交互界面、物理设备连接端口等。

4）边界。如配置不正确的防火墙和网关。

5）网络。如 5G 网络制造系统与外部系统之间的通信、系统内部的通信等。

3. 攻击路径

攻击路径是指威胁源对 5G 网络制造系统造成破坏的途径。威胁源对威胁客体造成破坏，有时并不是直接的，而是通过中间若干媒介的传递，形成一条攻击路径，攻击者通过攻击路径进入系统。

在评估过程中，列举每一条可能的攻击路径，将是一项非常艰巨的任务，并且这种通过详细考虑的威胁向量未必是有效的，原因如下：

1）对威胁向量进行全面细致的分解，将大大增加完成评估所需的时间。因为即使对于那些不适用于所考虑系统的威胁向量，也需要逐一考虑。

2）具有评估系统所需知识的工厂人员，不一定熟悉网络安全分析的来龙去脉。

那么，可通过参考可管理的攻击类别来全面了解攻击者进入系统的方式，例如常用攻击模式枚举和分类（Common Attack Pattern Enumeration and Classification，CAPEC）数据库。CAPEC 由美国国土安全部建立于 2007 年，CAPEC 提供了一个公开的常见攻击模式目录，可以帮助用户了解对手如何利用应用程序中的弱点和其他网络功能进行攻击。CAPEC 将攻击模式分为了常见的、便于理解的四种攻击类型。

（1）社会工程学攻击 社会工程学攻击指通过自然的、社会的和制度上的途径，利用人的心理弱点（如人的本能反应、好奇心、信任、贪婪）以及规则制度上的漏洞，在攻击者和被攻击者之间建立信任关系，获得有价值的信息，最终可以通过未经用户授权的路径访问某些敏感数据和隐私数据。社会工程学攻击整合了社会学、行为心理学等多个学科门类的技术，往往让人防不胜防。社会工程学攻击首先要制定计划，有目标地获取信息，必要时通过交谈、欺骗、假冒等各种渠道与目标相关人员进行交流，攻破人员心理防线，从合法用户中隐蔽地获取系统的秘密，进而开展后续的网络攻击。

社会工程学攻击的对象是人，就是从目标人员身上获取对网络突破有价值的信息或条件，如密码/账号/密钥、相关证件、计算机系统的详情、目标网络架构部署、系统应用、安全防护、内部人员通信方式或账户口令信息等。利用这些信息可分析目标网络弱点，有针对性地开展攻击，甚至直接利用获取到的账户口令开展攻击。

攻击示例：钓鱼、鱼叉式钓鱼、风险链接、USB 掉落攻击等，导致 5G 网络制造系统的用户访问凭据被盗；伪装工作人员进入单位，向单位主机植入木马病毒；制作钓鱼网页诱导企业员工点击；连接单位 Wi-Fi，利用 Wi-Fi 进入单位内网等。

（2）供应链攻击　供应链是设计、制造和分销产品所需的资源生态系统的组合。供应链涉及硬件供应商、软件开发商、产品制造商、运维服务方、用户单位方等多方实体。

相比传统行业，工业自动化和控制行业的供应链更加复杂，它是一个全球分布的，具有供应商多样性、产品服务复杂性、全生命周期覆盖性等多维特点的复杂系统。

供应链攻击指在组件生产、存储或交付过程中改变系统。供应链攻击由对一个或多个供应商的攻击和随后对最终目标的攻击组成。5G 网络制造系统建设所需的各项关键基础设施和重要资源严重依赖第三方产品和服务供应商，并且大多数用户对第三方供应商的产品和服务是信任的，这就为攻击者开展供应链攻击提供了条件。

供应链攻击具有迂回隐蔽不易被发现、产品或服务利用环节多样、攻击影响面较大的特点。

供应链攻击的类型可分为硬件供应链攻击、软件供应链攻击和固件供应链攻击三种类型。

1）硬件供应链攻击。硬件供应链攻击是最简单、成本最低的攻击方式，通过跟踪不同的硬件，如主板或以太网电缆，从而能够捕获传输的数据。

2）软件供应链攻击。随着企业生产网络的数字化转型升级，网络攻击者有机会通过具有恶意代码的供应商的易受攻击的软件工具或服务进入生产控制网络。如果供应商使用了包含漏洞的过时或未修补的软件包，这些软件包可能会提供攻击途径。或者，组织使用的任何已经存在的软件的供应商可能会停止提供补丁，或者供应商用于开发和分发补丁的流程和系统可能会受到损害。

3）固件供应链攻击。固件供应链攻击像基于软件的攻击一样传播非常迅速，并且规模非常大。

攻击示例:

1)通过在硬件/软件/开源组件中植入后门等方式攻击系统,即使这些文件是从官网下载的,那也可能会有木马植入。

2)利用用户系统所用的应用软件、主机设备、网络设备,甚至安全设备自身存在的弱口令等的脆弱性,实施攻击破坏。

(3)通信攻击 通信攻击指阻止、操纵或窃取通信。例如,拒绝服务、中间人攻击、阻塞基本过程控制系统和安全仪表系统区域之间的网络通信。

(4)物理访问攻击 物理访问攻击指通过攻克薄弱的安全措施进入系统。例如,登录无保护的工作站,一个承包商(不知情的情况下)试图将被勒索软件感染的设备插入 5G 网络制造系统的工程师站,盗窃网络资产等。

4. 攻击来源

威胁是指可能导致危害系统的不希望事故的潜在起因。攻击来源/威胁源是产生威胁的主体。

无线通信系统从一开始就面临着各种安全威胁。在 1G 时代,手机和无线信道是非法克隆和伪装的目标;在 2G 时代,垃圾信息传播非常普遍,可用于无处不在的攻击以及注入虚假信息或传播不必要的营销信息;在 3G 时代,基于 IP 的通信使得互联网安全漏洞情况有所改善,同时也给无线通信领域带来了新的挑战;在 4G 时代,多媒体流量和新服务逐渐扩散到移动领域,引入了复杂动态化的威胁。随着 5G 时代的到来,网络安全威胁变得比以往任何时候更加复杂。

通常情况下,威胁源分类如图 3-6 所示。

基于威胁源的传播途径,5G 网络制造系统面临的威胁大致可分为内部威胁和外部威胁。

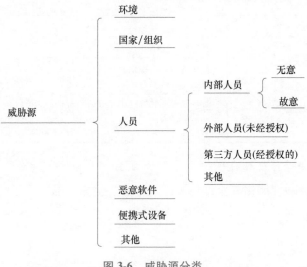

图 3-6　威胁源分类

1）内部威胁是指在系统内部拥有对工业 5G 网络及其服务合法访问权限的人员，他们可利用其对网络的访问权限来干扰网络运行或非法访问其服务。这类威胁主要有内部人员、第三方人员等。

2）外部威胁是指没有合法访问工业 5G 网络及其服务权限的人员，但他们拥有特定的网络工具，可以在无监督的情况下访问 5G 网络资源，实施攻击破坏活动等。这类威胁主要有网络犯罪分子、黑客、团体组织、专业公司、国家队伍等。

5G 网络制造系统通常面临的威胁源详细描述见表 3-2。

表 3-2　5G 网络制造系统通常面临的威胁源详细描述

威胁源		描述
内部	无意	内部人员缺乏责任心、不关心或者不关注，没有遵循规章制度和操作流程，缺乏培训，专业技能不足等导致系统故障或者被攻击
	有意	内心不满或者具有某种恶意目的的内部员工，对工业控制系统进行破坏或者窃取系统信息

（续）

威胁源		描述
外部	环境	环境因素包括断电、静电、灰尘、潮湿、温度、电磁干扰等
	外部攻击	外部人员或组织对系统进行的攻击。外部攻击者难以接触系统，一般具备一定的资金、人力、技术等资源
	供应链	提供硬件、软件、服务等的制造商及生产厂，可能在提供的软硬件设备上设置后门，为维护人员提供了窃取系统信息的途径

威胁是客观存在的，无论对于多么安全的信息系统，它都存在。因此，在网络安全评估工作中，需要全面、准确地了解组织和信息系统所面临的各种威胁源，威胁源结合攻击路径会构成威胁。

5. 攻击类型

5G 网络制造系统面临的网络攻击可以进一步归类为物理攻击、欺骗攻击、拒绝服务（Denial of Service，DoS）攻击（见图 3-7），它们可导致网络制造系统的完整性和可用性损失。

1）物理攻击是指针对制造系统物理基础设施、系统组件本体的攻击。

2）欺骗攻击是将正常的传感或控制数据修改为不同的攻击值，但修改后的数值都位于传感变量或控制变量允许的数值范围

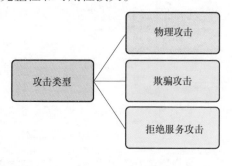

图 3-7　攻击类型

内，因为超出范围的数值很容易被一般的容错算法检测到。欺骗攻击可能包括不正确的传感器测量或控制输入、不正确的时间戳或发送设备的错误标识。攻击者可以通过获取发送设备所使用的密钥，或者通过破坏一些传感器和执行器来发动这些攻击。

3）拒绝服务攻击包括干扰通信信道，或者用随机数据淹没通信网络等。

综上，5G 网络制造系统可能面临的攻击见表 3-3。

表 3-3　5G 网络制造系统可能面临的攻击

攻击类型	具体名称	描述
物理攻击	灾难	自然灾难使得 5G 网络制造系统的一个或多个组件停止运行，例如地震、火灾、洪水、电磁干扰或其他未预期的事故
	停电	自然灾难、恶意或者无意的个人引起的停电事故，影响 5G 网络制造系统一个或多个组件的运行
欺骗攻击	冒充	无权限者获得存储于 5G 网络制造系统组件中的用户凭证，冒充合法用户 例如：1）中间人攻击，通过拦截控制站与上位机之间发送的信息，使用第三方工具，在两个系统之间监听、拦截、改变、注入或替换信息，向控制中心报告虚假的过程状态、报警信息，导致操作员做出错误的判断；2）钓鱼邮件，工作人员打开来自网络钓鱼邮件的文档后，会被暗中安装后门程序，允许攻击者访问控制系统
	篡改	5G 网络制造系统组件被恶意人员篡改 例如：1）修改控制系统的数据、配置文件，导致服务降级或中止，安装应用程序用于破坏或占用系统的存储空间，导致影响安全功能；2）利用缓冲区溢出攻击使服务器程序持续崩溃、重启
	权限提升	无权限者获得存储于 5G 网络制造系统组件中的用户凭证，提升访问权限
拒绝服务攻击	拒绝服务	5G 网络制造系统在一段时间内无法使用，达到系统拒绝为合法用户提供服务的目的 例如：1）使用第三方工具，向过程控制网络发送大量的无用流量淹没系统，使其正常服务瘫痪，通过假数据使网络超载和堵塞，从而影响过程控制正常的通信传输，导致停车；2）错误配置导致日志文件不能正确覆盖，从而导致迅速填满磁盘空间，占用 CPU 资源导致服务中断；3）同频无线干扰导致无线传输受到干扰，过程控制功能中断，功能降级

为信息安全相关威胁源分配发生的可能性可以使用攻击数据库，如美国国家标准与技术研究所国家脆弱性数据库（National Vulnerability Datebase，NVD），根据所需的知识水平和攻击难度等属性来估计网络攻击成功的概率。然而，这种方法的缺点是没有考虑到每个组织的具体细节。

在确定 5G 网络制造系统的信息安全事件可能性等级时，可参考表 3-4。

表 3-4　信息安全事件可能性等级划分

等级	可能性
非常高	$>10^{-1}$次/年
高	$10^{-3} \sim 10^{-1}$次/年
中等	$10^{-4} \sim 10^{-3}$次/年
低	$10^{-5} \sim 10^{-4}$次/年
非常低	$<10^{-5}$次/年

在攻击链分析中，可以忽略攻击者的概况，假设所有网络攻击的概率为非常高，大于 10^{-1}次/年，这将使研究所需的时间最小化，并确保进一步的风险评估活动集中在有可能导致最严重后果的资产上。

3.2.4　后果预判

后果预判指识别与偏离相关的后果，并记录后果的严重程度（在没有任何应对措施的情况下）。后果，通常描述为特定事件造成的健康和安全影响、环境影响、财产损失、信息损失（如知识产权）或业务中断。影响是对与后果有关的最终损失或损害的度量。

在进行后果预判时，需要考虑不同的应用场景，分析每个偏离在系统层面上可能产生的危害。同一偏离可能导致系统层面的多种危害，不同偏离也可能导致系统层面的同一危害。

1. 后果识别

后果分类及严重性等级的信息来源包括：

1）国际惯例或通用数据源。

2）国家标准或行业规范。

3）公司根据自身风险可接受水平制定的准则或规范。

4）长期的行业经验或实践积累。

5G 网络制造系统安全事件的典型后果种类如下：

1）人员伤亡。

2）设备损坏。

3）产品质量下降。

4）数据泄露。

5）业务中断。

6）环境污染。

7）经济损失。

8）声誉影响。

2. 后果严重程度确定

后果严重程度确定方法包括释放规模/特征评估、简化的伤害/致死评估、需要进行频率校正的简化伤害/致死评估、详细的伤害/致死评估等。

后果严重程度等级将整个严重性值范围划分为离散的类别或区间。简化的伤害/致死后果分级示例见表 3-5。

表 3-5　简化的伤害/致死后果分级示例

后果特征	人员伤害/致死					
	等级 1	等级 2	等级 3	等级 4	等级 5	等级 6
人员伤害/致死	人员受伤，但歇工不足 1 个工作日	无重伤及死亡、歇工 1 个作日及以上	1~2 人重伤	1~2 人死亡或 3~9 人重伤	3~9 死亡或 10 人及以上重伤	10 人以上死亡

简化的经济损失后果分级示例见表 3-6。

表 3-6　简化的经济损失后果分级示例

后果特征	经济损失					
	等级 1	等级 2	等级 3	等级 4	等级 5	等级 6
经济损失	直接经济损失人民币 2 万元以下，并未构成公司级事故的非计划停工事故；或总经济损失（直接经济损失加上间接经济损失）为以上直接经济损失值的 10 倍	直接经济损失人民币 2 万元及以上，10 万元以下；或总经济损失（直接经济损失加上间接经济损失）为以上直接经济损失值的 10 倍	直接经济损失人民币 10 万元及以上、50 万元以下，或造成 3 套及以上生产装置停产、影响日产量 50% 及以上；或总经济损失（直接经济损失加上间接经济损失）为以上直接经济损失值的 10 倍	直接经济损失人民币 50 万元及以上、100 万元以下；或总经济损失（直接经济损失加上间接经济损失）为以上直接经济损失值的 10 倍	直接经济损失人民币 100 万元及以上、500 万元以下；或总经济损失（直接经济损失加上间接经济损失）为以上直接经济损失值的 10 倍	直接经济损失人民币 500 万元及以上；或总经济损失（直接经济损失加上间接经济损失）为以上直接经济损失值的 10 倍

在确定 5G 网络制造系统的信息安全事件后果时，可参考表 3-7。

表 3-7　严重程度等级矩阵

严重程度等级	严重程度			
	员工（P）	财产（F）	环境（E）	声誉（R）
1	没有员工伤害或只有轻伤，无损工	一次造成直接经济损失人民币 50 万元以下	事故影响仅限于生产区域内，没有对周边环境造成影响	公众可能会知道该事件，但没有引起公众的关注
2	造成重伤或者损工 105 日内的轻伤、急性工业中毒，但没有死亡	一次造成直接经济损失人民币 50 万～100 万元	因事故造成周边环境轻微污染，没有引起群体性事件	在当地（如县市）产生影响，引起当地公众的关注，遭到一些投诉
3	一次死亡 1 人，或者 1～3 人重伤，损工大于 150 日	一次造成直接经济损失人民币 100 万～500 万元	事故造成跨县级行政区域纠纷，引起一般群体性影响	在区域（如省级）产生影响，引起区域性公众的关注
4	一次死亡 2～3 人，或者 4～9 人重伤	一次造成直接经济损失人民币 500 万～1000 万元	事故造成跨地级行政区域纠纷，使得当地经济、社会活动受到影响	在国内产生影响，引起国内公众的关注
5	一次死亡 3 人以上，或者 10 人及以上重伤	一次造成直接经济损失人民币 1000 万元以上	事故使得当地经济、社会活动受到严重影响，疏散群众 1 万人以上	产生国际影响，引起国际媒体的关注

3.2.5 原始风险确定

应在假设没有任何安全措施的情况下确定原始风险。风险矩阵是风险管理中使用的一种工具，通过评估事故发生的可能性和事故发生的后果严重程度，定性地确定风险水平。

风险矩阵的两个轴分别表示可能性和严重性。可能性和严重性之间的交叉点代表风险等级。最低可能性和最低严重性之间的交集产生最低风险等级，而最高可能性和最高严重性之间的交集产生最高风险等级。交叉点通常采用颜色编码，以表示风险等级的变化，绿色通常代表最低，红色通常代表最高。

尽管风险矩阵总是二维的，但根据可能性和严重程度的等级数量，其维度会有所不同（如 3×3、4×4、3×5、5×5）。3×3 风险矩阵示例见表 3-8。

表 3-8　3×3 风险矩阵示例

		严重性		
		无关紧要	一般影响	严重
可能性	高	中	高	高
	中	低	中	高
	低	低	低	中

尽管存在标准风险矩阵，但在不同环境下，独立项目和组织通常会选择创建自己的风险矩阵或定制现有的风险矩阵。

5G 网络制造系统风险评估采用的风险矩阵见表 3-9。

表 3-9　5G 网络制造系统风险评估采用的风险矩阵

		严重程度等级				
		1	2	3	4	5
可能性	非常高	Ⅰ级风险	Ⅱ级风险	Ⅲ级风险	Ⅲ级风险	Ⅲ级风险
	高	Ⅰ级风险	Ⅱ级风险	Ⅱ级风险	Ⅲ级风险	Ⅲ级风险

（续）

		严重程度等级				
		1	2	3	4	5
可能性	中等	Ⅰ级风险	Ⅰ级风险	Ⅱ级风险	Ⅱ级风险	Ⅲ级风险
	低	Ⅰ级风险	Ⅰ级风险	Ⅰ级风险	Ⅱ级风险	Ⅱ级风险
	非常低	Ⅰ级风险	Ⅰ级风险	Ⅰ级风险	Ⅰ级风险	Ⅰ级风险

3.2.6　残余风险分析

残余风险分析指识别现有安全防护措施及其有效性，并确定残余风险。

1. 现有安全防护措施识别

针对典型威胁事件，可辨识现有的安全防护措施，并确定现有防护措施的有效性。现有的安全防护措施有区域划分、边界防护、内部隔离等。

2. 可容忍风险

可容忍风险是指根据当今社会的接受水准，在给定的范围内能够接受的风险。不同国家、不同行业、不同企业的可容忍风险标准有所不同，拥有和运行制造系统的每个组织都有自己的风险承受能力，可容忍风险应依据多重因素（如伤害的严重程度、暴露在危险中的人数、暴露在危险中的频率和持续时间等）确定。

可容忍风险的确定应考虑以下方面：

1）相关权威安全法规。

2）与应用有关的不同团体的讨论与协议。

3）工业标准。国家标准和国际标准在确定特定应用的允许风险中起到越来越重要的作用。

4）国际讨论和协议。

5）来自咨询机构的建议。

在 5G 网络制造系统风险分析过程中，需要根据相应的风险标准判断系统的风险是否可被接受，是否需要采取进一步的安全措施。

尽可能合理降低（As Low As Reasonably Practicable，ALARP）原则是在工业自动化领域风险分析中最具代表性的风险接受原则。ALARP 原则是指在当前的技术条件和合理的费用下，对风险的控制要做到在合理可行的原则下"尽可能低"。

基于 ALARP 原则，风险区域可分为：

1）不可接受的风险区域，指图 3-8 中的高风险、很高风险区域。在这个区域，除非特殊情况，风险是不可接受的。

2）允许的风险区域，指图 3-8 中的中风险区域。在这个区域内必须满足以下条件之一时，风险才是可接受的：

① 在当前的技术条件下，进一步降低风险不可行。

② 降低风险所需的成本远远大于降低风险所获得的收益。

3）广泛可接受的风险区域，指图 3-8 中的低风险区域。在这个区域，剩余风险水平是可忽略的，一般不要求进一步采取措施降低风险。

ALARP 原则推荐在合理可行的情况下，把风险降到"尽可能低"。如果一个风险位于两种极端情况（高风险及很高风险区域和广泛可接受的风险区域）之间，如果使用了 ALARP 原则，则所得到的风险可以认为是可接受的风险。如果风险处于高风险区域，则该风险是不可接受的，应把它降低到可接受的风险水平。在广泛可接受的风险区域，不需要进一步降低风险，但有必要保持警惕以确保风险维持在这一水平。

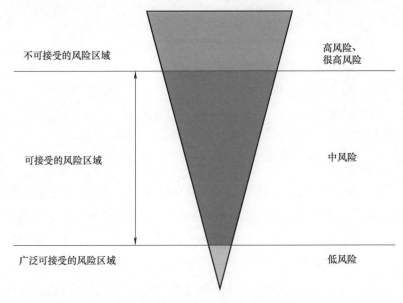

图 3-8　基于 ALARP 的风险区域分类

　　采用 ALARP 原则时主要基于三个要素：生命至上、经济效益、风险接受标准，应综合考虑风险对社会的影响程度、产生经济损失的大小以及对环境的影响程度，制定相应的风险接受标准。若接受风险的标准较低，风险频发，容易引起社会的质疑和不满；若接受风险的标准较高，会导致为一个极不可能发生的风险投入过多，容易造成资源浪费，提高行业的整体成本。

　　对于 5G 网络制造系统，不可能通过预防措施来彻底消除风险；而且当系统的风险水平越低时，要进一步降低风险水平就越困难，其成本往往呈指数曲线上升。因此，必须在制造系统的风险水平和成本之间做出一个折中。在低于允许风险的区域，风险水平被认为是非常不明显的，不需要进一步改善。这是一个广泛可接受的风险区域，在此区域内风险小于我们每天会实际经历的风险，无须为论证 ALARP 原则进行细致工作，但需提高警惕以确保风险维持在这一水平。

基于图 3-8，5G 网络制造系统的风险等级，可划分如下：

1）风险等级 3 在不可接受的风险区域。

2）风险等级 2 在可接受的风险区域。

3）风险等级 1 在广泛可接受的风险区域。

3. 残余风险确定

残余风险确定首先应根据评估得到的风险等级，综合考虑风险控制成本、风险造成的影响以及用户的实际风险接受程度，制定一个风险可接受范围，确定风险是否可接受，得出 5G 网络制造系统中存在的不可接受风险和可接受风险；然后，针对 5G 网络制造系统中存在的不可接受风险和可接受风险，结合目前已采取的系统安全防护措施，从网络安全风险影响因素各方面，为每个区域和管道分配信息安全等级目标（Security Level-Target，SL-T），将系统面临的风险降低到可接受的范围之内，指导 5G 网络制造系统下一步的安全建设。

在 5G 网络制造系统未采取任何风险降低措施和手段的情况下，其威胁产生的风险等级均在 1~3 之间。

根据 ALARP 原则，对于风险等级为 3 的威胁源不予接受，须从设计阶段着手，将威胁源消除或风险等级降低；对于风险等级为 2 的威胁源，需要根据降低风险的成本、时间等资源，并结合风险的大小将风险控制在低至合理可接受的范围。

3.2.7 选择纵深防护的风险降低措施

针对不可接受的风险，组织应给出纵深防护的**风险降低措施**。风险降低措施通常不能彻底消除风险，所采取的风险降低措施的性质取决于所处理威胁的性质。

风险降低措施可以通过以下途径实现：

1）可通过减少攻击者进入系统的可能性来实现（如通过使用正确配置的防火墙/托管交换机、具有更好安全功能/特性的设备或分配访问账户的最低特权方法）。

2）可通过增加攻击在其最终目标实现之前被识别和阻止的可能性来实现（如通过查看防火墙日志中的异常访问模式）。

5G 网络制造系统可采取信息安全、功能安全、物理安全 3 种类型的风险降低措施，各类风险降低措施之间相互独立。一些常见的独立风险降低措施有：报警及响应、安全仪表功能、安全阀、爆破片等。

独立的物理安全风险降低措施的要求时危险失效平均概率（average Probability of Failure on Demand，PFDavg）见表 3-10。

表 3-10　独立的物理安全风险降低措施的要求时危险失效平均概率

风险降低措施	PFDavg
安全阀	$1\times10^{-5}\sim1\times10^{-1}$
爆破片	$1\times10^{-5}\sim1\times10^{-1}$

独立的功能安全风险降低措施的 PFDavg 和风险降低系数（Risk Reduction Factor，RRF）见表 3-11。

表 3-11　独立的功能安全风险降低措施的 PFDavg 和 RRF

风险降低措施	PFDavg	RRF
安全仪表功能 SIL 1	$\geqslant1\times10^{-2}\sim1\times10^{-1}$	$>10\sim100$
安全仪表功能 SIL 2	$\geqslant1\times10^{-3}\sim1\times10^{-2}$	$>100\sim1000$
安全仪表功能 SIL 3	$\geqslant1\times10^{-4}\sim1\times10^{-3}$	$>1000\sim10000$

注：每一个安全完整性等级（Safety Integrity Level，SIL）代表一个风险降低的数量级，比如一个 SIL 1 的安全功能装置使一个安全事件发生的概率降低了一个数量级，SIL 2 的安全功能装置使安全事件发生的概率降低了两个数量级。

3.2.8　案例分析

本节以某石化企业的柴油加氢工艺过程为例，论证了基于工艺偏离的风险评估方法在 5G 网络制造系统风险辨识中应用的可行性，可为企业开展 5G 网络制造系统风险评估提供参考借鉴。

柴油加氢是指原料油在催化剂和氢气的氛围下，在一定的温度和压力下进行的一系列化学反应。柴油加氢的工艺过程如图 3-9 所示。

来自界区的柴油经过滤器过滤后进入原料油缓冲罐 D-6 缓冲，经泵升压后与循环氢气混合，与反应产物换热，进入反应器进料加热炉 F-1 加热到反应初始温度，后进入加氢反应器 R-2 加氢脱除硫、氮、氧，经冷却后进入高压分离器 D-1，含氢类气相物料进入循环氢缓冲罐 D-3，缓冲后经循环氢压缩机 K-2 升压后与原料油合并作为进料；液相物料中的油相进入低压分离器 D-2，分离出轻烃（送到后续装置）和产品柴油；液相物料中的水相去到排污总管。

柴油加氢工艺的网络拓扑如图 3-10 所示。

柴油加氢工艺的工控网络包括两个区域：

1）基本过程控制系统网络。用于柴油加氢装置基本过程控制，如温度、压力、流量的监测，以及对过程阀门等的执行控制和调节控制等。

2）安全仪表系统网络。用于风险点的安全连锁动作，以在设定的超限点将过程导入安全状态。

柴油加氢工艺工控网络部署的信息安全防护设施包括：

1）在监控执行层与工控网络、SIS 网络之间装有防火墙。

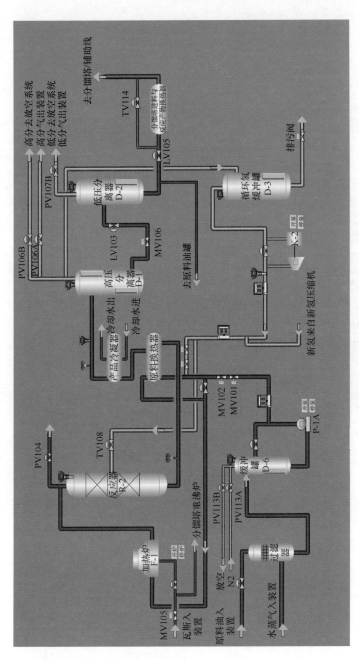

图 3-9　柴油加氢工艺过程

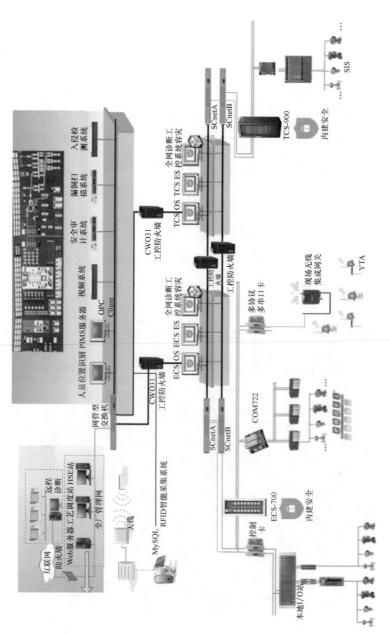

图 3-10 柴油加氢工艺的网络拓扑

2）在 MES 层往上装有防火墙，在监控执行层装有入侵检测系统、安全审计系统、漏洞扫描系统。

3）在工控网与 SIS 网之间装有区域隔离设备。

4）在网络主机装有主机安全卫士。

5）DCS 控制器、SIS 控制器自带的内生安全主动防护机制。

将柴油加氢工艺划分为一个节点，编号 1，该节点范围：来自界区的柴油与氢气混合后到低压分离器 D-2 出口。

该节点涉及的主要生产装置见表 3-12。

表 3-12　生产装置

序号	名称	位号	数量
1	反应器进料加热炉	F-1	1
2	循环氢缓冲罐	D-3	1
3	原料油缓冲罐	D-6	1
4	加氢反应器	R-2	1
5	混氢原料与反应产物换热器	E-1	1
6	高压分离器	D-1	1
7	低压分离器	D-2	1
8	反应产物后冷却器	E-3	1

本评估案例中涉及的主要偏离见表 3-13。

表 3-13　本评估案例中涉及的主要偏离

偏离	描述
流量大	流量大于正常工艺运行流量范围
流量小	流量小于正常工艺运行流量范围
压力高	压力高于正常工艺运行压力范围

（续）

偏离	描述
压力低	压力低于正常工艺运行压力范围
温度高	温度高于正常工艺运行温度范围
温度低	温度低于正常工艺运行温度范围
液位高	液位高于正常工艺运行液位范围
液位低	液位低于正常工艺运行液位范围
逆流/错误的流向	物料反向流动或偏离正常流向
泄漏	工艺设备中流体意外地逸出到大气或其他设备中
组分	物料中组分含量或比例出现偏离

为了全面分析和准确记录分析过程中的所有辨识和结论，本次评估工作设计了基于工艺过程的 5G 网络制造系统风险评估方法的分析工作表（见表 3-14）。

表 3-14   分析工作表

序号	参数	偏离	可能原因（信息安全相关）	发生的可能性	后果	后果严重性（P、F、E、R）	原始风险	保护措施	残余风险	建议的风险降低措施
1										
2										

风险评估结果见表 3-15。

表 3-15　风险评估结果

序号	参数	偏离	可能原因（信息安全相关）	发生的可能性	后果	后果严重性(P, F, E, R)	原始风险	保护措施	残余风险	建议的风险降低措施
1	压力	反应器压力高	欺骗攻击。内部恶意员工获取工程师站的控制权限，修改控制回路中加热炉的温度设置参数	非常高	设备损坏、人员伤亡、业务中断、经济损失、声誉影响、环境污染	人员 P: 3 财产 F: 2 环境 E: 2 声誉 R: 3	Ⅲ级	1）加氢反应器 R-2设置有压力自控回路 PIC104B，压力高时打开 PV104 放火炬；2）加氢反应器 R-2 设置有安全阀	Ⅱ级	部署有信息安全措施的工艺监测系统
2	压力	反应器压力高	欺骗攻击。利用通信协议漏洞，篡改通信传输的温度控制参数	非常高	设备损坏、人员伤亡、业务中断、经济损失、声誉影响、环境污染	人员 P: 3 财产 F: 2 环境 E: 2 声誉 R: 3	Ⅲ级	1）加氢反应器 R-2设置有压力自控回路 PIC104B，压力高时打开 PV104 放火炬；2）加氢反应器 R-2 设置有安全阀	Ⅱ级	部署有信息安全措施的工艺监测系统
3	压力	反应器压力高	拒绝服务攻击。耗尽 DCS 控制器的计算资源、网络资源、存储资源，压力控制回路失控	非常高	设备损坏、人员伤亡、业务中断、经济损失、声誉影响、环境污染	人员 P: 3 财产 F: 2 环境 E: 2 声誉 R: 3	Ⅲ级	1）加氢反应器 R-2设置有压力自控回路 PIC104B，压力高时打开 PV104 放火炬；2）加氢反应器 R-2 设置有安全阀	Ⅱ级	部署有信息安全措施的工艺监测系统

（续）

序号	参数	偏离	可能原因（信息安全相关）	发生的可能性	后果	后果严重性（P，F，E，R）	原始风险	保护措施	残余风险	建议的风险降低措施
4	压力	反应器压力高	欺骗攻击。第三方人员（含运维人员）利用权限访问工程师站，恶意修改控制回路 TIC101 的压力参数	非常高	设备损坏、人员伤亡、业务中断、经济损失、声誉影响、环境污染	人员 P：3 财产 F：2 环境 E：2 声誉 R：3	Ⅲ级	1）加氢反应器 R-2 设置有压力自控回路 PIC104B，压力高时打开 PV104 放火炬；2）加氢反应器 R-2 设置有安全阀	Ⅱ级	部署有信息安全措施的工艺监测系统
5	温度	加热炉温度高	欺骗攻击。可移动介质引入恶意文件，获取工程师站的控制权限，修改控制回路中的温度参数	非常高	设备损坏、人员伤亡、业务中断、经济损失、声誉影响、环境污染	人员 P：3 财产 F：2 环境 E：2 声誉 R：3	Ⅲ级	加热炉 F-1 温度高连锁，连锁动作为：关闭加热炉 F-1 燃料切断阀 MV105，关闭氢气进料切断阀	Ⅰ级	
6	温度	加热炉温度高	欺骗攻击。第三方人员（含运维人员）利用权限访问工程师站，恶意修改控制回路 TIC101 的压力参数	非常高	设备损坏、人员伤亡、业务中断、经济损失、声誉影响、环境污染	人员 P：3 财产 F：2 环境 E：2 声誉 R：3	Ⅲ级	加热炉 F-1 温度高连锁，连锁动作为：关闭加热炉 F-1 燃料切断阀 MV105，关闭氢气进料切断阀	Ⅰ级	

（续）

序号	参数	偏离	可能原因（信息安全相关）	发生的可能性	后果	后果严重性（P、F、E、R）	原始风险	保护措施	残余风险	建议的风险降低措施
7	温度	加热炉温度高	欺骗攻击。外部非授权人员通过社会工程学攻击，获取工程师站的访问权限，修改控制回路中的温度参数	非常高	设备损坏，人员伤亡，业务中断，经济损失，声誉影响，环境污染	人员 P：3 财产 F：2 环境 E：2 声誉 R：3	Ⅲ级	加热炉 F-1 温度高连锁，连锁动作为：关闭加热炉 F-1 燃料切断阀 MV105，关闭氢气进料切断阀	Ⅱ级	部署有信息安全措施的工艺监测系统
8	温度	加热炉温度高	欺骗攻击。内部恶意员工获取工程师站的控制权限，修改控制回路中加热炉的温度设置参数	非常高	设备损坏，人员伤亡，业务中断，经济损失，声誉影响，环境污染	人员 P：3 财产 F：2 环境 E：2 声誉 R：3	Ⅲ级	加热炉 F-1 温度高连锁，连锁动作为：关闭加热炉 F-1 燃料切断阀 MV105，关闭氢气进料切断阀	Ⅰ级	
9	温度	加热炉温度高	欺骗攻击。通过供应链攻击，在控制器、传感器、执行器中植入恶意程序，篡改温度控制逻辑	非常高	设备损坏，人员伤亡，业务中断，经济损失，声誉影响，环境污染	人员 P：3 财产 F：2 环境 E：2 声誉 R：3	Ⅲ级	加热炉 F-1 温度高连锁，连锁动作为：关闭加热炉 F-1 燃料切断阀 MV105，关闭氢气进料切断阀	Ⅰ级	

（续）

序号	参数	偏离	可能原因（信息安全相关）	发生的可能性	后果	后果严重性（P、F、E、R）	原始风险	保护措施	残余风险	建议的风险降低措施
10	温度	加热炉温度高	欺骗攻击。利用通信协议的漏洞、篡改温度控制参数	非常高	设备损坏、人员伤亡、业务中断、经济损失、声誉影响、环境污染	人员 P：3 财产 F：2 环境 E：2 声誉 R：3	III级	加热炉 F-1 温度高连锁，连锁动作为：关闭加热炉 F-1 燃料切断阀 MV105，关闭氢气进料切断阀	II级	部署有信息安全措施的工艺监测系统
11	温度	加热炉温度高	拒绝服务攻击。耗尽 DCS 控制器的计算资源、网络资源、存储资源，温度控制回路失控	非常高	设备损坏、人员伤亡、业务中断、经济损失、声誉影响、环境污染	人员 P：3 财产 F：2 环境 E：2 声誉 R：3	III级	加热炉 F-1 温度高连锁，连锁动作为：关闭加热炉 F-1 燃料切断阀 MV105，关闭氢气进料切断阀	I级	部署有信息安全措施的工艺监测系统

第 **4** 章

基于工艺安全的大纵深防护策略

4. 1 概述

基于工艺安全的大纵深防护策略是指运用控制论、信息论、系统论的基本理论，从全局出发，对工业现场面临的所有安全问题进行综合分析、整体规划、系统设计、有序控制和持续改进的工程化策略。大纵深防护的载体是 5G 网络制造系统，核心目标是在系统安全生命周期内应用相关知识体系的原理和方法，发现安全隐患，并采取有效控制措施降低风险，从而使系统在规定的性能、时间和成本范围内达到最佳的安全实践。

大纵深防护策略从外层到内层分别为信息安全、功能安全和物理安全防护，其中信息安全技术与措施主要有标识和鉴别控制、使用控制、系统完整性、数据保密性、受限的数据流、对事件的及时响应、资源可用性等；功能安全技术与措施有故障检测与诊断、冗余设计、多数表决器、降额、隔离和去耦、防护性编程、无状态设计等；物理安全技术与措施有本质安全、限制机械应力、材料和物质安全、安全人机工程、防止气动和液压系统危险、防电气危害、限压限流等，大纵深防护策略实现示例如图 4-1 所示。在企业实际现场，可以根据具体需求采用最为适宜的防护技术与措施。

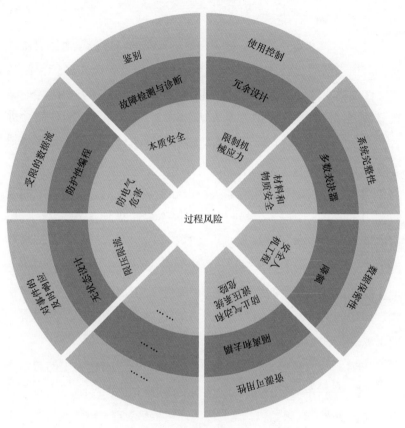

图 4-1　大纵深防护策略实现示例

4.2　信息安全防护

　　5G 网络制造系统在外层会受到各种网络攻击威胁，针对这种威胁需要采取适配的信息安全防护技术与措施。

4.2.1 信息安全防护基本要求

（1）标识和鉴别控制 标识和鉴别控制的目标是在通信前通过对任何请求访问该控制系统的使用者进行身份验证来保护控制系统，任何请求访问该控制系统的使用者，应该在验证身份后才能激活通信。资产所有者应该制定所有使用者（人员、软件进程和设备）列表，并确定每个控制系统所要求的标识与鉴别控制保护等级。

（2）使用控制 使用者通过标识和鉴别后，对于控制系统的授权使用，控制系统应该限制所允许的操作。资产所有者和系统集成商应该为每一个使用者（人员、软件进程或设备）、组、角色等分配 IACS 的授权使用权限。使用控制的目标是在使用者执行操作之前，验证准予其必要的权限，保护控制系统资源免受未经授权的操作。操作的例子包括读或写数据、下载程序和设置配置。使用者权限可能会根据时间/日期、位置和访问方式而有所不同。

（3）系统完整性 许多常见的网络攻击基于对传输中的数据进行操纵，例如操纵网络数据包。交换网络或路由网络给攻击者提供了更大的机会来操纵数据包，这是因为通常容易对这些网络进行未被发现的访问。同时，攻击者也会操纵交换和路由机制本身以获取对传输信息的更多访问。控制系统环境下的内容篡改包括改变从传感器传输到接收器的测量值，变更控制应用传输到执行器的命令参数。根据上下文（如在局域网段的传输和通过不可信网络的传输）和传输使用的网络类型［如传输控制协议（TCP）/互联网协议（IP）和本地串行链路］，可行的和适当的防护机制会有所不同。在一个直接连接（点对点）的小型网络中，如果端点完整性得到保护，在较低信息安全防护的情况下，针对所有节点的物理访问保护就已足够。然而当网络分布在员工经常出现的区域或广域网时，可能无法执行物理访问保护。当满足必要的安全需求不可行或不切实际时，应采用合适的补偿对抗措施，或者明确承认额外风险。工业设备往往受到环境条件影响，产生完整性问题和/或误报事件，环境因素包含微粒、液体、振动、气体、辐射或电磁干扰，这些可能会影响通信线路和信号的完整性。网络基础设施的设计宜减少这些环境因素对通信完整性的影响。例如，当微粒、液体和/或气体形成一个影响因素时，应该使用一个密封的 RJ-45 或 M12 接头代替商业级的 RJ-45 线路接头，电缆本身可使用不同保护层来应对微粒、液体和/或气体。

（4）数据保密性　信息存储或传输时均可通过物理手段、数据分段或数据加密的技术手段来进行保护。具体技术的选择关键要考虑攻击对控制系统性能的潜在影响和系统从故障或攻击中恢复的能力。

是否对一段信息进行保密性防护取决于此信息的内容。事实上，如果某些信息需要通过明确的授权访问配置来限制对其的访问，表明组织认为该信息是保密的。因此，需要控制系统分配明确的读授权的所有信息，宜被认为是保密的，控制系统宜提供保护能力。不同的组织和行业可以根据信息的敏感性、行业标准和指导要求，针对不同类别的信息采取不同级别的加密强度等级。在一些场景中，可认为在交换机、路由器中保存和处理的网络配置信息需要保密。含有明文信息的通信很有可能受到窃听或篡改。如果控制系统依赖于外部的通信服务供应商，就可能更难获得对通信保密性实施信息安全防护所要求的必要保障。在此情况下，应用补偿对抗措施是合适的，否则将接受额外的风险。使用便携式设备、移动设备（如工程用笔记本电脑和 U 盘）时，实体也宜注意信息保密性。

（5）受限的数据流　网络分段可用于多种目的，包括网络安全。网络分段的主要功能是降低流入控制系统的网络数据的量或暴露程度，以及降低流出控制系统的网络数据的量或传播广度。网络分段可以提高整个系统的响应性和可靠性，并提供一种网络安全保护措施。同时，在控制系统中允许进行不同的网络分段，包括为了提高安全等级，对关键控制系统和安全相关系统等进行分段。从网络控制系统对互联网进行访问宜根据控制系统的运行需求进行明确的界定。网络控制系统网络分段和它提供的保护等级将很大程度上取决于资产所有者，甚至系统集成商使用的整体网络架构。基于功能的网络逻辑分段虽然提供了某些防护手段，但仍可能因一个设备的失效而导致单点故障；信息物理分段通过排除单点故障来提供另一个层面上的保护，但会导致网络设计更复杂、成本更高。在网络设计的过程中，需要综合评估一个折中的方案。

（6）对事件的及时响应　资产所有者宜通过风险评估方法学，建立安全策略、规程，以及所需的、适当的通信和控制线路来响应违规，对事件的及时响应衍生出的要求包括收集、报告、保存和自动关联司法证据的机制，以确保及时采取纠正措施，避免监视工具和技术对控制系统的运行性能产生不利影响。

（7）资源可用性　资源可用性控制的目的是当应对各种 DoS 事件时，确保网络控制系统是能够复原的，特别是控制系统中的安全事故不宜对 SIS 或其他安全相关功能造成影响。

4.2.2　典型信息安全防护技术与措施

网络制造系统信息安全防护具体技术与措施主要有边界防火墙、主机卫士、安全审计、态势感知等。

（1）边界防火墙 防火墙主要借助硬件和软件的作用在内部和外部网络环境间产生一种保护屏障，从而实现对计算机不安全网络因素的阻断。只有在防火墙同意的情况下，用户才能够进入计算机内，如果不同意就会被阻挡于外。防火墙技术的警报功能十分强大，外部的用户要进入计算机内时，防火墙就会迅速发出相应的警报，并提醒用户的行为，以及进行自我判断来决定是否允许外部用户进入内部。对所有在网络环境内的用户，这种防火墙都能够进行有效的查询，同时把查询到的信息向用户进行显示，然后用户需要按照自身需求对防火墙实施相应设置，对不允许的用户行为进行阻断。通过防火墙还能够对信息数据的流量实施有效查看，并且能够掌握数据信息的上传和下载速度，便于用户对计算机的使用情况进行良好的控制判断，计算机的内部情况也可以通过防火墙进行查看。

（2）主机卫士 工业安全主机卫士通过自扫描磁盘的可执行文件，创建应用程序白名单，杜绝非法软件的运行；白名单支持手动添加、更新、删除，以保障业务准确、可靠地开展。主机卫士软件具有主机审计、移动存储介质管理、应用程序/关键配置文件/注册表完整性保护、安全基线管理等功能，可以给用户带来安全、可靠、便捷的终端防护。

（3）安全审计 信息系统安全审计是信息系统审计的一种，它与信息系统真实性审计、信息系统绩效审计等组成了信息系统审计。信息系统安全审计的主要目标是审查企业信息系统和电子数据的安全性、可靠性、可用性、保密性等，可预防来自互联网对信息系统的威胁，以及来自企业内部对信息系统的危害。

（4）态势感知 态势感知是一种基于环境的、动态的、全面的洞察安全风险的能力。态势感知是以安全大数据为基础，从全局角度提高发现、识别、理解、分析和应对安全威胁能力的一种方式。态势感知旨在获取、了解、展示和预测在大规模网络环境中可能引起网络态势变化的安全要素的近期发展趋势，进而便于做出与安全相关的决策和行动。

4.3 功能安全防护

网络制造系统信息安全防护被突破或者系统发生随机性失效，会直接影响到 5G 网络制造系统中的工艺参数，在这一层级需要通过部署功能安全防护技术与措施进行防护，以 E/E/PE 本质安全为主要目标。功能安全防护技术与措施可采用危险与可操作性分析、保护层分析、保护层分配部署等来实施。

（1）危险与可操作性分析　危险与可操作性分析（Hazard and Operability Study，HAZOP）分析方法是一种针对包括但不限于工业、电力等系统的系统性安全分析方法。在分析时需要分析对象相关领域的多个专业人员对系统进行节点划分、偏差分析、后果分析并对相应的原因和结果进行讨论。该方法将整个系统拆分为子系统与节点进行评价，是一种主观成分较大的演绎评价方法，评价的准确性很大程度依赖于评价人员的专业性与对系统的了解程度。

HAZOP 分析通过小组会议的形式完成。分析之前，分析小组建立系统的描述模型［如系统的管道及仪表流程图（Piping and Instrumentation Diagram，PID）］，将系统分解成基本逻辑单元，选择一个或多个逻辑单元的组合作为分析的基本单元，即节点。每个节点有相关的设计要求，存在一个或多个有关的参数，每个参数对应着若干个引导词。在分析会议中，分析人员选定一个节点，对参数和引导词的组合（即偏离）进行检验，如果该运行偏差存在，则分析其原因和后果，并进行风险评价，提出措施建议，以消除和控制运行危险。一个节点的所有可能偏差分析完毕，则转入另一个节点，按上述步骤重新进行，直到所有设备项目分析完毕。

（2）保护层分析　保护层分析（Layer of Protection Analysis，LOPA）方法是一种半定量的风险评价方法，它通过评价保护层的要求时危险失效概率来判断现有保护层是否可以将特定场景下的风险降低到风险标准所要求的水平，其分析流程如图 4-2 所示。对于场景的分析和评价，LOPA 分析比其他定量风险评价方法更省时间和精力，它提供了识别场景风险的方法，并且将其与可容忍风险比较，以确定现有的安全措施是否合适，是否需要增加新的安全措施。LOPA 分析通过展开分析场景的全过程，能很好地识别中间事件、安全措施和事故后果，帮助分析人员全面了解、认识特定的场景。LOPA 分析也存在不足之处。与定性分析方法相比较，它每次只能针对一起特定的场景进行分析，不能反映各种场景之间的相互影响。此外，初始事件的发生频率及独立保护层的要求时危险失效概率等数据对 LOPA 分析的结果有很大的影响，需要付出很多努力进行经验积累，才能获取这些数据。

（3）保护层分配部署　在保护层的分配中，需要考虑保护层的功能与应用程序的要求之间的匹配，以确保保护层能够很好地发挥作用。另外，还需要考虑不同子系统或组件之间的协作与配合，以充分利用保护层功能的优势。保护层的分配应该从系统的整体安全考虑出发，确定各个子系统或组件的安全需求，然后根据不同的需求来分配保护层的功能。对于具有高安全性需求的系统，应该将保护层的功能分配给核心组件，以确保系统的完整性和可靠性。对于一些低安全性要求的组件，可以采用简单的保护

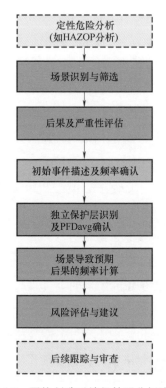

图 4-2   网络制造系统保护层分析流程

层，以节约系统资源。

4.4   物理安全防护

　　针对网络制造系统信息安全与功能安全防护技术与措施都被突破的场景，可以通过以工艺的固有安全设计为基础的物理安全进行防护。物理安全防护技术与措施可通过机械安全、电气安全、电磁兼容性安全等或者是物理结构（如一个排水系统、防火墙或堤坝）

等防护来实现，这些被纳入大纵深防护策略的最内层，以确保将风险/损失降到最低。

（1）机械安全　机械的安全性是指机器在预定使用条件下执行预定功能，或在运输、安装、调整等时不产生损伤或危害健康的能力。5G 网络制造系统中的设备在运行过程中要能够承受振动、冲击、跌落、外壳防护等级等运行结构性检查。

（2）电气安全　在电气工程操作中，一个操作顺序的颠倒或一个操作项目的遗漏，都可能会导致人员伤亡、设备损毁、大面积停电等严重的事故。对于一般的工业企业，电气事故主要有触电、电气火灾和爆炸、雷电危害、静电危害。但对于不同行业的企业，由于其原料、生产设备、生产工艺等的不同，电气事故的特征也不一样。因此，5G 网络制造系统在运行过程中涉及的供电电源、绝缘电阻、导线电缆等都要做好统筹防护。

（3）电磁兼容性（Electromagnetic Compatibility, EMC）安全　是指设备或系统在其电磁环境中符合要求地运行并且不会对其环境中的任何设备产生无法忍受的电磁干扰的能力。5G 网络制造系统应该按照实际应用环境，针对特定设备进行静电放电抗扰度试验、电快速瞬变脉冲群抗扰度试验和浪涌试验等，并且有针对性地采取EMC 防护措施。

（4）防爆安全　爆炸一般分为化学性爆炸和物理性爆炸两种类型。前者主要指可燃气体或粉尘的爆炸，后者主要包括锅炉、压力容器及管道的爆炸。化学性爆炸事故较多，爆炸事故发生的时间都很短，几乎没有初期控制和疏散人员的机会，因而伤亡较多；而且爆炸事故往往不仅仅只是单纯地破坏工厂设施设备或造成人员伤亡，还会进一步引发火灾等其他事故。因此，需要针对 5G 网络制造系统中可能引起爆炸的因素进行有效防护。

4.5　信息安全与功能安全融合

随着生产过程不断从非数字设备和密闭环境到智能化的数字技术和互联系统演进，目前已有的功能安全标准和工控信息安全标准可能已经不能完全适用，当功能安全和信息安全要求集中于同一个智能化系统架构时，需要建立一套安全一体化体系，以控制它们之间的相互作用和潜在的副作用。

从基本概念出发，根据 IEC 61508 和 IEC 62443 所定义的相关概念的关系，两种安全的基本影响分析如图 4-3 所示，由此分析可获得如下结论：

1）从功能安全的角度，系统主要分为安全相关子系统和基本过程控制子系统，基本过程控制子系统发生失效将对安全相关子系统产生安全要求；这两种系统都可能发生信息安全问题。

2）从功能安全的角度，安全相关子系统由于环境或自身存在的问题可能在运行时发生故障，故障在没有得到抑制的情况下可能导致失效，如果此时出现安全要求（对于要求模式下运行的系统）或系统处于连续模式，将产生危险事件，最终对人、财产或环境造成伤害。

3）从信息安全的角度，任何子系统都可能存在脆弱性，如果威胁利用了该脆弱性并执行攻击，将产生一次信息安全事件（incident），对于该次事件可能产生三种结果：一是没有安全影响的其他事件；二是如果该事件发生在基本过程控制子系统上，将成为一种新的故障源，会对安全相关子系统提出连锁要求；三是如果该事件发生在安全相关子系统上，也将成为一种新的故障源，导致安全功能失效。

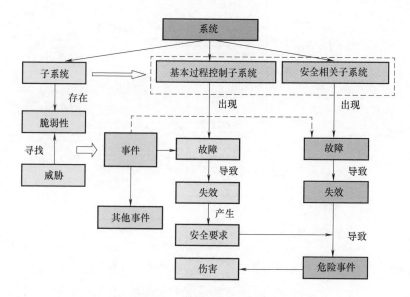

图 4-3　信息安全与功能安全的基本影响分析

从以上分析发现，可以将攻击事件作为安全功能执行的一个失效诱因，信息安全防护措施能否成功执行，信息安全防护措施成功执行之后对于安全相关子系统是否有负面影响，这些都是功能安全和信息安全之间可能产生的新问题。如果以信息安全攻击作为诱因用事件树的方式进行分析，可以得到图 4-4 所示的过程。

图 4-4 给出了 5 种可能发生的情况，基本确定了功能安全和信息安全可能产生的问题，无论从提高效率的角度还是避免冲突的角度，在系统设计初期就对功能安全和信息安全进行协同考虑和规划是一种更好的策略，也是目前系统安全工程的一种发展趋势。为了实现这种协同考虑，采用统一的综合性安全生命周期过程是一种有效的途径。

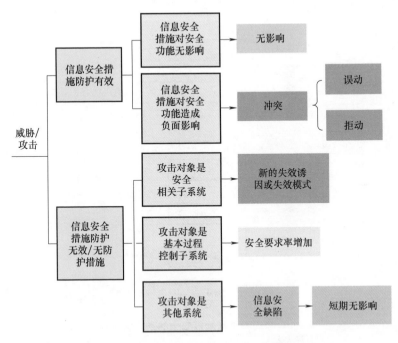

图 4-4 功能安全和信息安全的影响事件树示例

第 **5** 章

多源跨域攻击事件监测

5.1 概述

在现有技术水平下，5G 网络制造系统信息域不可避免地存在未知的软硬件漏洞、预设的软硬件后门，并且面对不断升级的隐蔽攻击手段，对攻击行为的监测具有高度不确定性（低可监测性）；而物理域中的制造系统本体具有有限元、周期时序等特征，同时需要满足特定的规律与安全约束，具有较高的确定性（高可监测性）。因此，本章将聚焦于具有高可监测性的制造系统本体信息，以此来实现控制不可接受风险的目标。

多源跨域攻击事件监测的设计思路，主要是通过感知安全相关工艺参数、控制逻辑和生产工序的异变，主动发现隐性逻辑攻击行为，及时采取有效的阻断措施，控制安全事件的影响范围。因此，本章首先针对具有高可监测性的物理域，提出机理与数据驱动的异常状态监测方法；其次，针对具有低可监测性的信息域，采用机器学习/深度学习的信息域异常监测方法，旨在提高监测针对网络制造系统隐蔽攻击行为的能力；最后，从网络制造系统整体考虑，提出了一种基于混杂系统模型的跨域攻击事件监测方法，可实现跨域攻击全景的关联分析。

5.2 现场设备层异常状态监测

1. 研究思路

生产过程的关键安全工艺参数超出安全阈值必然诱发危险事

件，如过程压力超出工艺装备的设计承载能力，必然造成爆炸和泄漏。通过实时监测安全相关工艺参数的真实状态变化，可以及时发现异常并实施处置。如果超出安全阈值，应能触发报警并启动功能安全措施，如功能安全措施也失效，应立即启动安全应急预案。因此，针对现场设备层的异常感知应聚焦于关键安全工艺参数。

考虑到现场安全相关工艺参数数量有限，生产工艺机理较为成熟，各工艺参数所处的正常工作范围及相互间的关联关系较为明确，现有基于工艺机理规则定义或统计模型的监测方法即可取得较好的效果。此外，由于现有安全链路存在被入侵的风险，继而导致系统异常状态感知能力的失效，在实际系统部署中，还需要建立不依赖现有系统的安全监测链路，使之能够感知到工艺过程的真实状态。

2. 基于工艺机理的异常监测

工艺机理知识通常包括制造系统运行所需要遵循的规律、工艺参数及各类约束等。对于确定且显性的单个工艺参数，可采用规则定义的方式判断现场设备层是否受到攻击；对于各参数之间的关联关系不易定义规则的问题，可采用基于统计模型的方法实现异常监测。

1）基于规则定义的异常监测。在现场设备层运行过程中，制造系统各工艺参数通常需要满足一定的工艺约束（如特定工况下常见流量应按照一定规律变化等），安全相关工艺参数还要满足一定的安全约束（如压力容器内有最高压力限制等）。工程人员可以结合物理对象的特点对这类工艺约束和安全约束设定相关的监测规则，当所监测的安全相关工艺参数违背正常规则时，则认为现场设备处于异常工作状态，并发出相应的警报。该方法主要针对单个工艺参数的监测。通常可以通过比较关键安全工艺参数和其历史数值来判断其值是否正常。

2）基于统计模型的异常监测。在现场设备层运行过程中，制造系统各工艺参数自身除了需要满足一定的工艺约束和安全约束外，多个工艺参数之间还需要满足一定的关联关系。例如当部分传感器被攻破，采用重放攻击向控制层传输历史数据时，各工艺参数正常的关联关系即被打破。因此，可通过自回归模型、自回归移动平均（Autoregressive Moving Average，ARMA）模型和差分自回归移动平均（Autoregressive Integrated Moving Average，ARIMA）模型等常见的回归模型来建立工艺参数间的相关关系，并以此作为正常状态的基线模型，当现场设备层受到攻击从而导致各工艺将偏离正常基线模型时，即可将该攻击行为检测出来。

5.3 现场控制层异常状态监测

1. 研究思路

制造系统正常控制逻辑的常态表现是系统的历史状态已知、当前状态可观测、未来状态可预期。因此，在给定的时间区间内，总能够通过观测系统输入输出序列，以及设备状态变化趋势来判定控制逻辑的异常。逻辑异常监测可结合现场故障诊断系统综合部署。现场控制层异常状态监测的关键在于，多参数复杂优化逻辑的异常判定需要去除误判的影响因素。此外，考虑到模型构建成本及精确度的问题，基于深度学习的控制逻辑异常监测也具有较大的应用潜力。

2. 基于系统模型的异常监测

典型的控制系统由受控生产设备、传感器和执行器构成，形成控制闭环。控制系统通常包含非线性特性，但当系统工作在特定工作点附近时，可被近似为一个线性系统。针对线性系统模型设计异常观测器更具有实际意义，离散时不变系统见式（5-1）。

$$\begin{cases} x[k+1] = Ax[k] + Bu[k] + w_x[k] \\ y[k] = Cx[k] + w_y[k] \end{cases} \tag{5-1}$$

式中，$x[k]$ 和 $y[k]$ 分别表示系统状态和传感器测量值 $x[k] \in R^n$，$y[k] \in R^m$，R 表示多维空间；$u[k] \in R^l$ 为控制信号；A、B 和 C 分别表示系统矩阵、控制矩阵和测量矩阵，$A \in R^{n \times n}$、$B \in R^{n \times l}$，$C \in R^{m \times n}$；$w_x[k]$ 和 $w_y[k]$ 分别表示过程噪声和测量噪声，$w_x[k] \in R^n$，$w_y[k] \in R^m$。

基于上述式（5-1）模型以及预测值和历史数据信息，能够根据设备工作状态对正常的控制逻辑进行建模，从而能够从偏离设备工作状态模型的异常控制逻辑中检测到针对制造本体的网络攻击。但仅依靠对设备工作状态与控制逻辑关系的建模来检测网络攻击是不够的，如果传感器的测量值被破坏或被伪造，则异常状态的监测难度会大大增加。因此，假定仅有部分测量值不可信，则可将不可信测量值代入模型，并对比可信测量值与模型预测值的一致性来评估不可信测量值是否真实。此外，通过底层旁路的方式直接获取受控设备的测量值能够从根本上保证测量值的可信度。

3. 基于深度学习的异常监测

由于基于系统模型的异常监测方法需要构建控制系统模型，成本较高且泛化性较低，深度学习的自动特征发现能力，则为异常控制协议指令攻击检测提供了新思路。深度神经网络能够融合正常工况下的控制指令与设备状态信息，并利用深度学习的抽象能力自动提取控制时序及其与设备状态的规律，进行控制协议和指令的安全检测，可以检测已知的指令攻击，同时还具有挖掘未知攻击行为的能力。因此，在现场控制层中引入深度学习技术，发挥其对特征自动提取的固有优势，动态分析网络制造系统控制软件活动的特征，监测控制软件的异常行为，可有效提高制造系统抵御恶意病毒威胁的能力。

5.4 监视管理层异常状态监测

1. 研究思路

制造系统的工序具有强关联特性，工序之间的时序和输入输出之间的关系可以作为监视管理层异常感知的决策依据。由于监视管理层信息流的时间周期较长，语义较为复杂，更适合采用机器学习/深度学习的方式训练算法自行区分正常工序和异常工序间的差异，从而判断运行的系统是否发生行为异常。如果系统发生问题，应触发警报，并视不同的情况进一步采取不同的措施。在异常状态监测过程中，可将现场控制层以及现场设备层的异常监测信息作为输入特征的一部分，从而可以提高监视管理层异常状态感知的准确率，同时可以将监视管理层、现场控制层和现场设备层的异常状态关联起来，实现攻击逆向溯源和系统影响趋势分析。

2. 基于机器学习/深度学习的异常监测

针对监视管理层攻击导致的工序异常，可训练各类机器学习/

深度学习模型来构建异常分类检测器，用以识别监视管理层的异常状态。各类机器学习/深度学习模型有数个主流开源开发框架供使用，因此模型结构和训练方法在这里不做详细描述。

训练机器学习/深度学习模型的关键是训练数据集的准备。主流网络入侵检测数据集可分为七大类，分别为：①基于网络流量的数据集；②基于电网的数据集；③基于互联网流量的数据集；④基于虚拟专用网络的数据集；⑤基于 Android 应用的数据集；⑥基于 IoT 流量的数据集；⑦基于互联网连接设备的数据集。其中最常用的数据集有：①DARPA 1998 dataset；②KDD Cup 1999 dataset；③NSL-KDD dataset；④UNSW-NB15 dataset。主流数据集主要包含 IP 地址、流量信息等网络行为特征，并不包含本书所侧重的工艺工序相关特征参数。因此，需要从实战出发，通过仿真系统、蜜罐等生成多种攻击行为和异常状态数据，在现有数据集特征的基础上增加工艺工序相关参数特征，形成可以描述监视管理层工序异常的训练和测试数据集。

另外，考虑到监视管理层中实际异常数据集缺乏而正常数据相对丰富的特点，也可采用基于聚类的异常状态感知方法。这种方法的核心思路在于建立正常数据的类别。当数据偏离正常数据类别时，则认为该数据异常。但上述数据驱动的方法往往只能够建立初步的数据模型，无法应对物理域中时序特性与空间特性高度融合的数据特点。

尽管数据驱动的攻击检测方法具有不依赖机理模型的优势，但其性能仍然受数据质量影响。此外，考虑到物理域信息物理高度融合的特点以及日益严重的信息物理融合安全威胁，将机理知识驱动和数据驱动相结合的异常感知方法将有利于更好地应对高隐蔽的攻击行为。

5.5　基于跨域模型的异常状态监测

前文提出的异常状态监测方法，在物理域（现场设备层和现场控制层）采用基于底层制造工艺机理、系统模型的方法，识别制造本体的异常工作状态以及控制系统的异常控制逻辑；在信息域（监视管理层）则通过数据驱动的机器学习/深度学习方法，来实现对制造系统异常工序的异常监测。但该方法将信息域和物理域割裂开考虑，存在跨域信息丢失的问题，不利于跨域攻击行为的关联分析。因此，本节将网络制造系统信息域和物理域统一考虑，通过控制论的思想构建制造系统混杂模型后，整体表征制造系统正常与异常的工作状态，进一步提升系统异常状态的监测能力。

5.5.1　混杂系统建模

随着制造业向网络化、智能化演进，涌现出了众多先进制造模式，如精益生产、敏捷制造、柔性制造、可重构制造、自组织生产、网络协同制造、服务型制造等。虽然 5G 技术与制造系统的融合会促使制造网络扁平化，但从功能逻辑视角来看，制造系统功能仍呈现层次化的结构。同时，与以往单纯的连续变量动态系统和离散事件动态系统相比，大多数网络制造系统更多地表现出连续和离散共存的混杂特性。其中，信息域包含了大量复杂的离散、逻辑决策，物理域更多地呈现连续运行状态，部分制造系统也呈现离散与连续混合的运行状态。

因此，本节基于控制论的跨域异常状态感知方法，首先采用混杂系统理论对网络制造系统进行整体形式化描述。所谓"混杂"系统，指的是系统中同时存在服从物理学定律的连续动态特性和遵从优化决策信息逻辑的离散事件特性，并且两者相互作用，混杂系统结构示意图如图 5-1 所示。其中，连续动态特性通常用微分（差分）方程描述，并随着时间不断演变；而离散事件特性则用适合描述逻辑层次的 Petri 网模型、自动机模型及适合描述时间层次的极大极小代数模型描述。

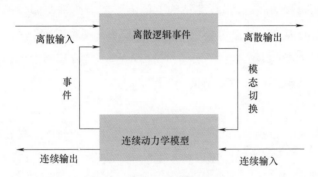

图 5-1　混杂系统结构示意图

混杂系统涉及的领域广泛，遇到的问题复杂多样，很难找到一种通用的模型来解决所有的问题。混杂系统建模的关键在于如何将离散逻辑的信息与连续系统模型较为严格地集成于一个统一的框架，目前多数模型基于连续或离散时间域进行研究。一般来说，典型混杂系统模型主要有以下几种：

（1）自动机模型　自动机模型的基本模型是有限状态自动机（简称自动机）。其中，混杂自动机是有限状态自动机的进一步扩展，是目前应用和研究得比较多的一种模型，它主要是将描述连续动态行为的微分方程嵌入有限状态自动机模型中，从而使其兼具描述连续行为的能力。混杂输入/输出自动机则弥补了通常自动机模型中没有明确输入输出关系的不足，更适宜于控制应用。

（2）层次结构模型   层次结构模型是将混杂系统分为三部分予以建模，即描述连续动态特性的下层、离散动态特性的上层，以及二者相互交互的中间接口层。其中的难题是接口设计，虽然提出了很多解决方案，如基于模糊逻辑等，但接口的重要功能还有待进一步拓展和深入。

（3）混杂 Petri 网模型   混杂 Petri 网模型尤其适用于对异步并发系统的建模和分析，在此基础上提出了较多改进模型，如广义混杂 Petri 网模型，许多分析控制问题也基于此类模型展开。

（4）切换系统模型   切换系统模型的切换方式通常可分为基于时间、空间和逻辑切换三种，其中基于时间切换的模型是目前应用较多的模型。

（5）混合逻辑动态模型   混合逻辑动态模型的优点是建模时可以充分考虑系统的定性知识和专家经验，并把它们转化成命题逻辑的形式；缺点是需要引入较多的逻辑变量，会增加计算的复杂性。

以上这些模型中，混杂 Petri 网模型是在混杂系统分析与设计中得到广泛关注的重要模型之一。基于混杂 Petri 网模型的建模方法主要有：

1）依据数学微分方程来建立混杂 Petri 网模型。该方法将连续变量集成到离散模型里，以离散部分为主能够非常有效地描述流程而又不省略连续部分。该方法形成的模型在统一框架里描述离散和连续部分，使得分析系统的活性、容错性、安全性、可控性等性质更加容易；但这种模型对连续部分的集成能力有限，只能描述非常简单的连续特性，只能用于较简单过程的模拟。

2）Petri 网模型和微分方程相结合的方法。即离散部分用 Petri 网模型来描述，而连续部分则用微分方程来描述，同时通过定义使能函数和连接函数来实现两部分的相互作用。这种方法不对连续部分做简化，因此具有更高的精度，而且更适合于用微分方程描述的系统。

5.5.2　异常度量

1. 基本原理

5G网络制造系统在正常工况下，信息域和物理域系统工作状态、业务逻辑等数据在特定边界内周期性变化，呈现较为稳定的状态。从控制论的角度看，针对网络制造系统的恶意攻击可以看作是大扰动或严重故障。因此，可通过制造系统混杂模型描述各层级变量的动态关系，设计特定的度量函数来表征制造系统受到外界恶意扰动的程度，并将度量值与临界能量值进行比较，从而实现对5G网络制造系统的整体跨域监测。

2. 函数构建

本节采用能量函数法对网络制造系统正常与异常工作状态进行刻画，主要从系统暂态能量的角度看待系统状态问题。即当制造系统处于正常工作状态时，所具备的能量相对较低；当制造系统受到恶意网络攻击，处于异常工作状态时，所具备的能量相对较高。采用能量函数法进行网络攻击识别主要有两个步骤：①构造能量函数；②确定临界能量。通过比较系统当前能量及系统初始状态的能量及临界能量的大小，即可直接判断系统是否受到网络攻击，并通过确定当前能量与临界能量的差值快速评估系统受到攻击的程度，为应急响应方案的选择提供重要依据。

控制系统经典的能量函数是李雅普诺夫函数，基于其衍生的最大李雅普诺夫指数（Largest Lyapunov Exponents，LLE）稳定性判别理论也是系统稳定性动态监测的主要方法之一，广泛应用于电力领域。

李雅普诺夫函数是一个可以模拟系统能量的"广义能量"函数，根据这个标量函数的性质，可以判断系统的稳定性。该方法不必求解系统的微分方程，就可以直接判断其稳定性，其优点是对于任何复杂系统都适用，对于运动方程求解困难的高阶系统、非线性系统、时变系统的稳定性分析，更能显示出其优越性。而应用李雅普诺夫函数的关键在于，能否找出一个合适的正定"广义函数"来定义系统能量。

3. 函数变量选择

本节提出的基于跨域模型的异常状态监测方法与传统异常监测方法的主要区别是其聚焦于能够反应制造系统本体安全状态的关键参数，因此能量函数的构建需要涵盖这些关键参数，关键参数主要包括现场控制层的关键安全工艺参数、现场控制层的关键控制逻辑参数和监视管理层的关键工序参数。

5.6 跨域攻击事件溯源

在识别物理域和信息域的异常后，需要进行单点攻击活动辨识以及多个攻击活动的关联和溯源。攻击溯源本质上是在大量的正常数据中寻找出攻击者在攻击过程中留下的痕迹，并通过这部分痕迹回溯攻击者。目前主要有两种方式实现该目标：一种是基于已知攻击知识库的方法，将制造系统各层级异常报警与已知的攻击行为进行匹配，从而推断可能的攻击链，相关的方法有基于攻击场景的方法等；另一种是考虑到攻击行为的多样性和隐蔽性，现有攻击知识库很难穷尽所有攻击特征的问题，基于大数据分析、人工智能等数据驱动方法分析异常报警之间的关系，发现攻击步骤之间的相关性。

1. 基于已知攻击知识库的方法

基于已知攻击知识库的方法是基于专家经验和历史恶意攻击行为来定义攻击知识库，最常用的建模方法是基于攻击场景的方法。该方法通过专家规则或知识来定义一个攻击序列模板以描述可能的攻击行为，以及特定攻击行为和攻击结果间的因果关联，然后将观察到的异常报警信息按模板进行匹配，以还原攻击过程。

基于攻击场景的方法通常以有向图的形式表示攻击序列的模板，图中的每个节点对应着一个安全事件，边表示事件之间的依赖关系，每条边的权重值表示事件间的转换概率，比较典型的有向图是溯源图。通过溯源图可对某类恶意工业病毒的攻击方式、攻击特点等建立场景模型，并逆向还原攻击链全景图。该方法能够高效地识别出已知的攻击行为，但无法识别未知的攻击行为，而且还存在可扩展性较差的问题。

2. 基于数据驱动的方法

传统网络安全领域检测网络攻击主要依靠规则、模式匹配等方式，从流量数据、日志数据中检测符合一定规则和模式的数据。然而，随着网络安全数据量的飞速增长，基于规则、模式匹配的检测方式效果差，很难发现复杂的攻击威胁。

针对这些问题，可以基于深度神经网络模型实现物理域攻击事件和信息域攻击行为特征深度学习，将原始攻击事件和攻击日志特征从高维空间逐层向低维空间映射，构建网络制造系统威胁知识图谱，刻画物理域攻击事件和信息域物理攻击行为特征以及攻击事件和行为之间的关系；进而利用网络制造系统攻击知识图谱，结合当前上下文情境，基于事件流处理进行安全威胁路径演化和追踪溯源，精准重现网络攻击行为。

第 6 章

基于情景构建的信息物理攻击
应急协同机制

本章以情景构建理论框架为依据，聚焦 5G 网络制造系统信息物理攻击的演化机制，着重从情景构建、应急协同体系及运行机制层面介绍重大信息物理攻击的应急准备要点。

6.1　重大信息物理攻击情景框架构建

6.1.1　筛选策略

将 5G 技术引入生产控制系统，在一定程度上加速了工业控制系统与企业网或互联网之间互联互通的演变趋势，在为企业生产控制系统带来巨大创造力和生产力的同时，也会引入更复杂、严峻的安全问题。一是深度网络化与跨域互联互通增加了信息物理攻击的路径；二是传统 IT 产品的引入带来了更多的脆弱性；三是 5G 等新兴技术在工业控制系统领域的防护体系还不成熟。

从风险管理的视角看，上述三类情形进一步加剧了信息物理攻击的不确定性，最直接的体现是攻击面进一步扩大，信息物理攻击路径进一步增多。基于风险评估的要素，信息物理攻击风险可表示为一个三元组，见公式（6-1）。

$$R = \{ S_{(tv)_i}, P_{(se)_i}, X_{(tv)_i} \}, i = 1, 2, \cdots, N \qquad (6-1)$$

式中，R 表示信息物理攻击风险；tv 表示网络安全破坏行为（即威胁成功利用漏洞）；$S_{(tv)}$ 表示由 tv 导致的信息物理攻击路径/情景；$P_{(se)}$ 表示 $S_{(tv)}$ 发生的可能性；$X_{(tv)}$ 表示 $S_{(tv)}$ 后果的严重程度；N 表示 5G 网络制造系统潜在 $S_{(tv)}$ 的数量。

从应急管理视角看，由于预案规划、人力资源、装备物资等核心能力要素的有限性，无法对所有潜在信息物理攻击路径开展应急规划与准备。因此，在开展情景构建之前，应从众多的潜在信息物理攻击路径中选择能够表征本企业、行业或地区主要战略威胁的典型风险。

本节将从筛选原则和筛选方法两个维度介绍重大信息物理攻击情景的筛选策略。

1. 筛选原则

目前，针对关键基础设施的重大信息物理攻击情景构建研究尚处于起步阶段，理论研究者和实践从业者均未给出明确的情景筛选原则。因此，本书参考国外重大突发事件的情景筛选原则，结合我国智能制造规划下 5G 等新技术在生产控制系统中的应用与发展现状，聚焦我国信息物理攻击事件的应急管理工作，提出了重大信息物理攻击情景筛选总体原则：以典型的、能够表征不断演化的各种威胁/危险源的高风险攻击路径为主线；以多类型的严重后果为媒介，沟通、反映出应对重大信息物理攻击事件的应急能力需求。

本章进一步依据某地方巨灾情景实施构建指南，基于多主题、多类型重大突发事件的普遍演化规律，融合信息物理攻击事件的个性化特征，细化了面向重大信息物理攻击情景的基本筛选维度，描述如下：

（1）代表性　宜筛选典型的、高风险的信息物理攻击情景表征本企业、行业的重大风险特征。在控制架构层面，5G 网络制造系统所面临攻击的初始访问存在两种情况，第一种发生在工业控制系统端，第二种发生在企业管理层或互联网端。多起典型的网络攻击案例也表明，初始访问发生在工业控制系统端、企业管理层或互联网端都是客观存在的。相对于第一种初始访问模式，第二种初始访问模式下的攻击路径不确定性更大、跨域攻击特点更明显，对应急准备所涉及的规划、组织协同、取证调查、态势评估等方面提出了更全面、更系统的要求。因此，为更好地引导应急准备和响应能力建设，宜针对每种初始访问各选择一种信息物理攻击情景。

（2）后果严重性　根据信息物理攻击的定义可知，此类攻击的最终目标不再仅限于窃取企业运营或生产的高价值数据，而是通过改变、增加、删除数据流，毁伤或干扰物理端诸多设备单元的正常运行，引发不可预料的生产事故。因此，所筛选的情景宜是导致企业工业控制系统的可用性受到破坏、造成一定规模的人员伤亡、财产损失或环境影响，产生较大负面社会影响的重大信息物理攻击情景。

（3）影响范围和处置难度　后果严重性不仅体现在损失严重程度方面，还体现在影响范围和处置难度方面，这两方面又影响着有限应急资源的布局与分配。因此，所选择情景的影响范围宜超出组织第一时间的应急响应能力，需要协调周边合作区域内或相似制造企业的应急响应资源，或需要组织外部相关救援力量协调配合或更高层级组织的统一协调和处置的信息物理攻击事件。

（4）任务覆盖面　面对具有严重后果的信息物理攻击，为了更系统地培育多部门多领域协同的应急响应和恢复能力，更充分地满足重大信息物理攻击事件对应急准备的需求，同时为了更全面地评估应急能力，所筛选的情景宜覆盖较多的应急响应任务。

（5）发生可能性　所选择的信息物理攻击情景应是合理的、可信的，宜具有类似历史案例资料作为基础数据支撑，应符合制造系统网络架构的自身背景。

2. 筛选方法

情景筛选方法是以信息物理攻击的后果严重性和发生可能性为

要点而展开的，与风险管理工作中的风险评估方法具有异曲同工之妙，因此，风险评估方法同样适用于重大信息物理攻击情景的筛选环节。此外，历史案例分析与趋势预测法也是一种常用的方法。

（1）风险评估　信息物理攻击风险评估是通过系统地辨识威胁和漏洞，分析由威胁攻击（初始访问）导致物理端后果的潜在攻击演化路径，在考虑现有探测性措施、预防性措施、缓解性措施的综合作用下，评估攻击路径的发生可能性与后果的严重程度，利用风险矩阵（见第 3 章）评估风险等级，并确定风险管控措施的动态管理过程，风险评估方法流程见第 3 章。通过开展信息物理攻击风险评估，得到高风险或极高风险的事件清单，可以使情景筛选更具有针对性和操作性。

（2）历史案例分析与趋势预测　历史是最好的教科书，也是最好的清醒剂。古往今来，历史、现实、未来是相通的，历史是过去的现实，现实是未来的历史。重大突发事件的历史案例是当今应急规划的最好经验。与自然灾害和安全生产事故相比，重大信息物理攻击事件发生概率较低，但后果往往非常严重，因此，有必要以跨行业、跨区域的小样本历史案例数据为参考依据，结合新一代信息技术和企业控制网络架构的发展趋势，综合研判某类信息物理攻击情景的发生可能性和后果的严重程度，预测高风险情景清单。表 6-1 给出了一些典型的历史案例。

表 6-1　典型的历史案例

事件	国家	场景描述	后果
震网病毒攻击核设施	伊朗	［信息域］携带震网病毒的 USB 插入计算机→［耦合域］蠕虫病毒通过本地网络传至 PLC→［物理域］操纵电动机转速→［物理域、耦合域］改变电动机转速、改变 HMI 显示	离心泵报废

（续）

事件	国家	场景描述	后果
钢铁厂攻击	德国	［信息域］鱼叉式网络钓鱼邮件→［信息域］访问企业内网→［耦合域］渗透至 ICS→［耦合域、物理域］破坏设备运行、改变 HMI 显示→［物理域］鼓风炉无法关闭	基础设施受损
黑色能量攻击电网	乌克兰	［信息域］鱼叉式网络钓鱼邮件（附件 BlackEnergy 软件）→［信息域］侵入商业系统长达 6 个月→［耦合域、物理域］通过 VPN 渗透 ICS、控制 HMI 界面和现场设备→［耦合域］断路器失控、［耦合域］注入恶意固件、［信息域］电话 DoS 攻击	22.5 万用户断电
TRITON 攻击	澳大利亚	［信息域］社会工程学攻击→［信息域］侵入商业系统长达 1 年→［耦合域］渗透 ICS 系统→［耦合域］操纵 SIS 系统→［耦合域］试图在装置运行异常时造成爆炸事故（后因及时发现并采取了干预措施，避免了火灾爆炸事故）	—
Crash Override	乌克兰	［信息域］鱼叉式网络钓鱼邮件→［信息域、耦合域］恶意软件自动映射控制系统、定位目标设备→［信息域、耦合域］恶意软件记录网络日志并发送给黑客→［耦合域、物理域］发送有效载荷至电力设备	基辅北部停电

6.1.2　技术框架

通过核工业、电力、钢铁等行业已发生的网络攻击事件可知，信息物理攻击事件突发性强，且往往会引起关键设备设施的服务中断，严重影响经济与社会的运行，带来国际影响，因此，针对 5G 网络制造系统的信息物理攻击属于重大突发事件范围，应坚持底线思维，着力防范化解此类重大预期风险。

　　5G 网络制造系统的信息物理攻击情景构建流程遵循重大情景构建框架，以 5G 网络制造系统架构为真实背景，依托其他行业曾出现的类似重大事件揭示信息物理攻击的产生与演化机制，利用"风险-情景-任务-能力"为主线开展情景构建，如图 6-1 所示。组织应综合内外部威胁、系统脆弱性及现有防护措施分析重大信息物理攻击的发生可能性；基于情景构建思路，分析攻击可能带来的各种破坏性后果，如业务连续性中断、数据泄露、人员伤亡、经济损失与社会影响等；同时，考虑后果演变的动态特性，如影响范围、烈度等。组织应以抑制和处置攻击带来的不利后果为目标，从入侵抑制与资源保护、事件检测与协调、财产与环境保护、抢救与保护生命等应急任务梳理出发，建立应急准备与响应能力，评估应急能力，进而完善重大信息物理攻击情景的协调应急内容和流程。

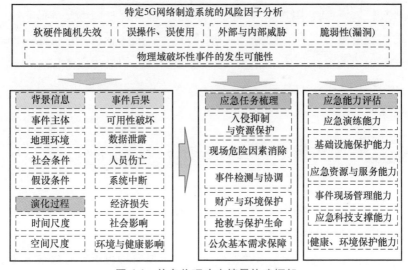

图 6-1　信息物理攻击情景构建框架

　　信息物理攻击的一个简单模型可以表示为：

$$s_i = \begin{bmatrix} S_{(tv)_i} & f_{11} & v_{11} \\ & f_{21} & v_{21} \\ & f_{31} & v_{31} \\ & f_{41} & v_{41} \end{bmatrix} = \begin{bmatrix} \text{情景} & \text{时间} & (\times\times年\times\times月\times\times日\,8\,时\,30\,分) \\ & \text{空间} & (工控系统人机界面,加氢装置) \\ & \text{内部属性} & (海量机器类通信场景,破坏可用性) \\ & \text{外部联系} & (业务连续性强关联,数据安全强关联) \end{bmatrix}$$

$$(6\text{-}2)$$

式中，$S_{(tv)_i}$ 代表由 tv 导致的第 i 个信息物理攻击路径/情景；f 代表信息物理攻击不同情景的属性特征；v 代表属性值；情景的时间特征是指信息物理攻击情景的发生、发展及演化时间表；空间特征是指网络攻击的初始访问入口和物理域发生事故的地点；内部属性是指信息物理攻击的机理特性，如攻击路径的跨度（如耦合域→物理域、信息域→耦合域→物理域），5G 应用场景安全需求类型（如增强移动宽带场景、超高可靠低时延场景、海量机器类通信场景），破坏目标（如可用性、完整性、机密性），威胁性质（如犯罪威胁、经济威胁、政治威胁、物理威胁）等；外部联系是指情景与外部环境等的多种联系，如业务连续性强关联、情景与应急任务的对应关系、数据安全强关联、人员伤亡强关联等。

6.2 重大信息物理攻击的情景构建流程

情景构建是跨学科、跨部门的风险沟通，是应急协同能力培育的基石，是支撑和引领应急体系建设的核心要素。情景构建的基本逻辑包括两部分，首先凝练总结本行业或其他行业历史事件的基本演化规律；然后立足本行业、本企业自身的特点，实现事件基本规律与自身特点的深度融合，进而形成虚拟化的事故剧情，作为应急准备的"靶盘"。

现依据我国重大突发事件情景构建的主体框架，就信息物理攻击情景的具体要素做出详细描述。

6.2.1　背景信息

（1）事件主体　事件主体是指承受信息物理攻击的客观事物，如智能工厂、数字化车间。信息物理攻击依次毁伤网络空间和物理空间，两者均为结构复杂的网络，且拓扑结构和基本性质不同。网络空间元素和物理空间元素总体上存在一对一、一对多、多对一、多对多等复杂依存关系。拓扑结构不同是由基本性质决定的。在物理空间中，能量流、物质流主要受物理规律、生化机理等约束，不能随意流动和改变；而在信息空间中，信息流的方向和传输量则可以由路由节点指定或广播，传输自由度较高。网络空间和物理空间之间存在着实时双向交互区域（即耦合域），耦合域可以提供关键的支撑功能，但同时也引入了潜在的风险点。因此，应分别描述网络空间的资产及其面临的威胁，物理空间的危险工艺、危险物料及其特征，以及网络空间与物理空间交互连接面的资产及威胁、信息交互特征。此外，还应依据历史典型案例，分析信息物理攻击的发生发展和演化规律。

（2）自然环境　自然环境包括地理位置、地形、气候、土壤、水源等要素，应分析这些要素是否与信息物理攻击所导致的物理域内的事故演化与升级有关。对于能够显著加剧或抑制攻击事件后果严重性的要素，应进行详细描述。如，在福岛核电站泄漏事故中，海洋既是"受害者"，也是加剧事故后果严重性的"帮凶"。因此，应重点描述海洋水体流动对核污水扩散的加剧作用。

（3）社会环境　社会环境是指社会中各种因素（如人口密度、

城市化程度、信息安全技术、应急物资储备、新闻媒介、应急救援力量等）相互作用、互相依存形成的动态整体。社会环境对事故发展过程与规模、应急救援存在复杂影响机制。

1）社会环境可通过影响自然环境、人类活动等，从而影响信息物理攻击事件的后果规模。

2）社会环境可影响应急救援的响应速度、效率和质量。如信息安全技术水平较低的地区，可能无法及时启动有效的网络安全应急响应，影响业务恢复速度；经济水平较低的地区，可能缺乏必要的应急设备和资源，影响救援质量。

3）社会环境可影响灾后重建速度和质量。如经济水平高、科技水平发达的地区，可以更快地恢复生产、修复基础设施和建筑物，促进灾后重建。

从上述内容可知，社会环境摸底是一项复杂的综合性任务，应组织多领域、多部门的专业人员共同梳理当地的社会环境，形成完备的社会背景信息。

（4）假设条件　通过建立事件主体、自然环境和社会环境三者之间的不同组合，能够形成无数种真实背景。为了更有针对性地建设应急准备和响应能力，需要设置具体的假设条件，如发生时间、攻击方式、社会环境等，保证所构建情景更具有代表性或针对性。

6.2.2　演化过程

信息物理攻击的演化过程是指由信息域发生的攻击通过各种媒介或枢纽节点作用至物理域的发展历程，该过程包括了威胁与漏洞的耦合作用、危险源与承载体的影响作用等。然而，没有两个完全相同的攻击事件，但是事件发生发展的规律是可总结、可学习的，这些规律也称为演化过程。

与传统的信息安全事件类似，信息物理攻击的演化过程可粗略划分为潜伏期、爆发期、持续期和消退期。

1）潜伏期。在这个阶段中，攻击者进行攻击策划和侦察工作，并尝试获取对目标工业控制系统的访问权限，这个阶段通常比较长，可以持续数天甚至数月。

2）爆发期。在这个阶段中，攻击者成功渗透到目标工业控制系统中，并展开攻击行动，这个阶段通常比较短，可能只持续数分钟或数小时。

3）持续期。在这个阶段中，攻击者持续控制目标工业控制系统，并利用已经获取的权限，继续攻击、破坏或者窃取信息，这个阶段可能持续数周、数月甚至数年。

4）消退期。在这个阶段中，攻击者逐渐减少攻击行动，并试图清除攻击痕迹，这个阶段可能持续数天或数周。

要有效应对工业控制系统的信息物理攻击，需要采取综合性的安全措施，包括加强设备的物理安全、升级网络安全设施、提高员工安全意识、采用安全技术等，同时还需要对系统进行定期漏洞扫描和安全评估，及时发现并修复安全漏洞，以防范信息物理攻击的发生。

1. 潜伏期

信息物理攻击的潜伏期是指攻击者在进行攻击前的准备和侦察阶段，目的是获得攻击所需的信息、了解攻击目标和系统、破解系统密码或者寻找漏洞。在潜伏期，攻击者通常会进行以下活动：

（1）收集目标信息　攻击者会通过各种途径，如搜索引擎、社交媒体、开放网站等，获取攻击目标的信息。例如，攻击者可能会收集目标的 IP 地址、域名、网络拓扑结构、系统软件和硬件配置等信息。

（2）了解系统特点　攻击者会使用扫描工具和漏洞扫描器来扫描攻击目标，获取系统的漏洞和弱点。攻击者还可能会尝试通过网络欺骗等手段，获取管理员的用户名和密码等敏感信息。

（3）寻找漏洞和弱点　攻击者会针对攻击目标的特点，利用漏洞和弱点进入系统。例如，攻击者可能会利用系统的默认口令、未授权访问漏洞、软件漏洞等，进入系统并掌控系统。

（4）隐藏攻击痕迹　攻击者会尽可能地隐藏自己的攻击行为和痕迹，以避免被系统管理员发现。攻击者可能会在攻击后清除日志和痕迹，或者使用反向连接等技术，避免被检测到。

为了防范潜伏期，系统管理员需要采取一系列措施，包括加强对系统的监控和管理、及时更新安全补丁和升级系统、采用网络隔离等技术、建立安全意识教育和培训机制等。这些措施能够提高工业控制系统的安全性，减少攻击的可能性和危害。

2. 爆发期

爆发期通常是攻击者完成了潜伏期的准备工作并发动攻击的阶段。在此阶段，攻击者可能会利用已经入侵的系统进行蠕虫式攻击，或者直接对目标系统进行攻击，使其无法正常工作。攻击者可能会通过传输恶意代码或利用系统漏洞来破坏系统的控制逻辑，进而实现对系统的控制或破坏。

在攻击爆发期，攻击者通常会采用更加积极的攻击手段，以获取更多的系统控制权限和数据信息。攻击者可能会利用系统中的漏洞，进一步扩大攻击范围，感染更多的设备，从而导致更大范围的破坏。此时，系统管理员需要及时采取应对措施，以保护系统安全。

爆发期可能持续一段时间，直到攻击者达到其预期目标或被发现并被迫中止攻击。因此，在这一阶段中，及时检测和处理异常事件是至关重要的，可以减少攻击对系统的损害程度。同时，应及时进行信息共享和协调，以便更好地应对信息物理攻击。

3. 持续期

攻击者在持续期会持续控制目标工业控制系统，并利用已经获取的权限，继续攻击、破坏或者窃取信息，这个阶段可能持续数周、数月甚至数年。

信息物理攻击的持续期是指攻击发生后，攻击者继续实施攻击行为的时间长度。持续期的长度取决于多个因素，包括攻击类型、攻击目的、攻击者的动机和资源、受攻击系统的复杂性以及采取的防护措施等。

不同类型的信息物理攻击可能具有不同的持续期。一些攻击可能只是一次性事件，持续时间较短，例如单一的入侵事件或短暂的分布式拒绝服务（Distributed Denial of Service，DDoS）攻击。

然而，一些攻击可能是持续性的，攻击者可能会长期保持对目标系统的访问和控制。例如，持续性的网络入侵攻击、恶意软件感染或数据泄露攻击，可以持续数天、数周甚至数月。持续期还取决于受攻击组织的响应能力和采取的防护措施。如果组织能够及时检测到攻击、采取适当的响应措施并迅速修复受损的系统，那么可以缩短攻击的持续期。此外，攻击者的动机也会影响攻击的持续期。如果攻击者的目标是短期破坏或快速获取信息，攻击的持续期可能较短。然而，如果攻击者的目标是长期的控制或持续性的信息获取，攻击的持续期可能更长。

综上所述，信息物理攻击的持续期没有固定的时间范围，而是由多个因素综合决定。及时检测、响应和采取适当的防护措施是缩短攻击持续期和减轻攻击影响的关键。

4. 消退期

信息物理攻击的消退期是指攻击发生后，攻击的影响逐渐减弱或完全消失所需的时间。消退期的长度取决于多个因素，包括攻击类型、攻击强度、受影响的系统复杂性，以及采取的防护和恢复措施等。

不同类型的信息物理攻击可能具有不同的消退期。例如，短暂的 DDoS 攻击可能只持续几分钟或几个小时，而更复杂和持久的攻击，如网络入侵或数据泄露，可能需要更长的时间来彻底消退。

消退期还受到受攻击组织的响应能力和恢复能力的影响。如果组织能够快速检测到攻击、采取适当的应对措施并迅速修复受损的系统，那么消退期可能会缩短。

然而，有些攻击可能会导致长期的影响，甚至是永久性的损害。例如，严重的数据泄露可能导致长期的信誉损失和法律后果，恢复期可能会相当长久甚至无法完全消退。

综上所述，消退期是一个复杂的问题，没有固定时间范围，而是由多个因素综合决定。及时采取防护和恢复措施对于缩短消退期并减轻攻击带来的影响至关重要。

6.2.3　事件后果

信息物理攻击可能产生的影响范围、损失种类和程度，能够为应急管理中的战略决策提供关键信息和数据，显著影响应急资源分配和优化、应急计划制定和改进、预防措施设置和强化等应急准备工作。根据信息物理攻击的发展路径，事件后果往往涉及物理域后果、耦合域后果，大概可以从以下几个方面考虑。

1）设备和系统损坏：分析可能损坏或破坏的关键设备和系统，如工业控制系统、通信设备或网络基础设施。设备停止运行、功能丧失或无法修复，会影响正常的业务运作。

2）生产中断：分析可能导致的生产过程中断或停工，特别是对于依赖网络连接的工业控制系统。攻击可能导致生产线停止运行、无法控制关键设备或无法传输数据，从而影响生产能力和产量。

3）数据损失和泄露：分析信息物理攻击可能导致数据的损失、篡改或泄露情况。攻击者可以获取敏感信息、商业机密或个人身份信息，从而对组织或个人造成重大损失和风险。

4）人员伤亡：估算可能导致的人员受伤和死亡数量。可以以发生在物理域内的类似历史事故为参考，根据事故破坏强度和周边人口分布等数据，选择适宜的数学模型进行修正计算。

5）经济损失：分析信息物理攻击对组织和个人可能造成的重大经济损失，包括修复被破坏的设备和系统的成本、停工期间的生产损失、数据恢复和安全措施的费用以及受到攻击造成的声誉损失。

6）社会影响：分析可能导致的社会服务中断（如医疗保健服务、交通系统、电力供应等关键基础设施）、社会不安和恐慌（如对信息化与工业化融合的信心减弱）、政治和地缘政治影响（如对关键基础设施、通信网络或军事系统的影响）、社会信任与合作损失（如信息共享变得困难）。

6.3 重大信息物理攻击事件的应急协同体系及其运行机制

6.3.1 应急协同体系

5G 网络制造系统的网络空间与物理空间逐渐耦合和级联,成为相互影响与制约的统一体。当重大信息物理攻击事件发生后,应对网络空间、物理空间、信息物理耦合空间进行联合应急协同响应,以实现高效应急处置。因此,重大信息物理攻击应急响应是一个典型的综合化、协同化的过程,是 5G 网络制造系统应急管理中最复杂、最重要的一项内容。本节提出了一种重大信息物理攻击事件的应急协同体系(见图 6-2),主要包括应急协同的目标、主体、任务和所需的支撑技术等方面。

(1)目标 5G 网络制造系统应急协同的主要目标是以最快的速度启动应急响应,在最短的时间内实现入侵抑制和资源保护,最大限度地保护工业控制系统的安全性,最大程度地减少物理域人员伤亡和财产损坏,进而降低经济损失和社会影响,实现 5G 网络制造系统各环节、各区域应急响应综合能力的最大化。

(2)主体 主体包括应急力量和应急对象。应急力量包括信息物理攻击事件应急与处置相关联的组织机构或团体,如网络安全部门、医学救援队伍、消防部门等。从抽象层面,5G 网络制造系统可划分为网络空间、物理空间、信息物理耦合空间,因此,应急对象便是这三类空间。重大信息物理攻击事件应急协同,本质上是多类型应急力量围绕发生在三类空间内的破坏性、灾害性事件,有序、协作开展的应急准备、应急行动和应急处置活动。

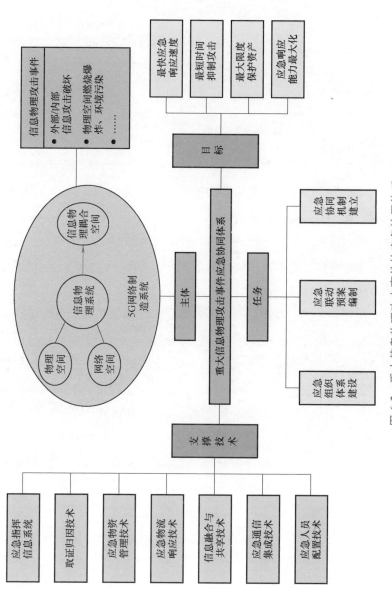

图 6-2　重大信息物理攻击事件的应急协同体系

（3）任务   5G 网络制造系统应急协同的任务主要包括应急组织体系建设、应急联动预案编制、应急协同机制建立。其中，应急组织体系建设包括建立组织结构和明确应急职责；组织结构主要包括应急协同指挥中心、应急参与单位、专家咨询组三个部分；明确应急职责是在组织结构基础上，明确相关参与方的协同职责，形成完整的应急协同组织体系。应急联动预案编制是指以 5G 网络制造系统的信息物理攻击为背景模板，调研和整合网络攻击应急、事故灾难应急、公共卫生事件应急等不同方面相关的应急联动预案，形成 5G 网络制造系统重大信息物理攻击事件的应急协同预案体系。同时，从应急的协同性和联动性角度出发，还需要建立具有可操作性、针对性的应急协同机制，为各方应急力量提供指导和约束，确保应急组织体系能够高效协作与配合，进而保障应急响应程序启动的及时性、顺畅性和高效性。

在开展上述任务建设时，离不开应急行动清单和应急响应程序的支撑。而情景构建（见 6.2 节）是支持应急行动清单梳理，引导应急响应程序设计的关键输入项。在情景构建结束之后，首先应依据情景的演进过程，在不同时间点做出决策，确定需要采取的应急行动、负责人、需要时长和资源等，系统性梳理出应急任务清单，此清单可为确定应急力量种类、应急资源等提供参考依据；然后，应根据情景时间表，分析不同行动之间的关联性，设计应急响应程序，此程序可为确定应急协同机制、预案主体提供信息输入。

（4）支撑技术   5G 网络制造系统应急响应过程中涉及的支撑技术主要有应急指挥信息系统、取证归因技术、应急物资管理技术、应急物流响应技术、信息融合与共享技术、应急通信集成技术和应急人员配置技术，主要支撑各项响应行动的实施。

网络制造系统信息物理攻击事件的应急协同体系建设，包括了应急组织体系、应急联动预案、应急协同机制三部分内容。与常见重大突发事件应急组织体系相比，两者既有高度类似之处，也有显著的差异点，差异之处体现在，互联网应急分中心（省/市）在信息物理攻击事件应急协同、处置中扮演了重要角色。在本节中，组织体系建设相关内容不再展开论述，重点阐明应急联动预案编制和应急协同机制建立相关内容。

1. 应急联动预案

为了提高信息物理攻击危机发生时的应急协同性、资源调配效率，最小化业务中断时间和影响，并迅速恢复制造系统正常运营，需要编制面向重大信息物理攻击的应急联动预案体系。组织应根据第 6.2 节输出的完整情景链，分析情景不同演化阶段的应急侧重点，如攻击之前的防范、攻击发生阶段的防护和处置、事件处置之后的恢复。依据情景演化进程，应急行动的主要部门也在不断切换，因此，各应急力量应建立各自的应急联动预案，并参考信息物理攻击的情景链条对多项预案进行系统性整合，形成统一认识的协同机制，制定出协调一致、高效运行的专项预案体系。在制定应急联动预案时，应注意事件后果的"中间态"。由于现代制造系统中存在较多的安全仪表系统，在信息物理攻击事件发展过程中，安全仪表系统的保护作用导致网络攻击并未引发物理域的破坏性事件，但是装置局部或整体的运行处于中断或降级状态，此状态称为中间态。在制定中间态的应急处置策略时，应遵循由"粗颗粒"到"细颗粒"的逐级细化原则，粗颗粒适用于综合预案，强调中间态的宏观应急处置逻辑，即首先检测中间态是否由网络攻击引起，若由网络攻击引起，则应首先恢复网络环境安全，再开展物理域应急处置；若中间态与网络攻击无关，则直接开展物理域应急处置。细颗粒适用于专项预案，应结合个性化的制造系统，在粗颗粒度的应急处置框架下，制定具有可操作性的应急处置策略和步骤。

2. 应急协同机制

根据 5G 网络制造系统与其他基础设施的相依关系，以及信息物理攻击的演化过程和后果影响范围，应急活动应围绕应急准备、监测预警、应急响应、应急恢复四个阶段开展。对于已成功的攻击事件，侧重点是监测预警、应急响应和应急恢复三个方面，主要内容包括应急指挥、应急信息、救援队伍、工程抢险、交通管制等协同机制，如图 6-3 所示，以下简要介绍四类典型的协同机制。

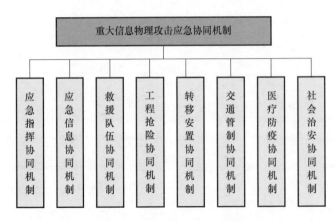

图 6-3   应急响应的协同机制

（1）应急指挥协同机制   在 5G 网络制造系统的重大信息物理攻击应急指挥协同框架下，应重点突出网络安全应急与物理装置生产事故应急的协同性，在保证以属地为主的应急救援原则下，协调网络安全部门、网络运营商、工控系统供应商等应急力量进行协同支援，与现场生产事故应急救援实现有效衔接，提高信息物理域应急的效率。

（2）应急信息协同机制　信息协同需要充分利用大数据、微信、短信等多媒体技术，实现攻击破坏事件相关信息的及时公开、传播，引导社会舆论，为开展必要的群众转移安置、社会治安维护提供信息支持。该机制的建立可从攻击事件信息实时共享、信息统一发布机制建立、舆情监测与舆论引导能力提升三方面做起。

（3）救援队伍协同机制　对于存在危险物质或高能量设施的制造系统，当信息物理攻击发生之后，应急救援最紧迫的任务是人员搜救。救援队伍的需求量和种类，可根据物理域内受破坏的范围、后果类型和严重程度估计。该机制的建立可从重大信息物理攻击事件的性质出发，基于当前我国应急救援力量的组成，匹配相应的综合性消防救援力量、专业应急救援队伍和社会应急力量，进而建立联动机制。

（4）工程抢险协同机制　5G 网络制造系统往往与电力系统、供水系统、交通系统、天然气系统等基础设施之间存在联系，而基础设施之间也会存在共生或依存关系。当信息物理攻击发生时，恢复 5G 网络制造系统的电力供应、抢修网络、抢修燃气管道、防止燃气泄漏、打通交通线路等，需要多类型的应急力量协同配合，特别是对于存在依存关系的基础设施，相关应急力量应保持实时沟通，确保工程抢险的先后顺序合理、高效和安全。该机制的建立可从应急联动预案编制、应急平台信息化建设、应急培训和演练等方面综合考虑。

6.3.2　应急协同体系运行机制

1. 运行原则

（1）协同　当重大信息物理攻击事件应急协同体系启动时，所涉及的相关部门及不同的应急力量会同步地或顺序地依次响应。只有将它们有序地协同合作起来，应急协同救援工作才能顺利地推进。

（2）开放 当重大信息物理攻击导致 5G 网络制造系统出现跨地域、跨行业影响时，在应急协同中应遵守开放原则，将不同地域、不同行业的相关部门以及应急力量结合起来，共同应对重大信息物理攻击事件。

（3）平战结合 在平时未发生信息物理攻击事件时，主要工作是应急准备，如应急物资管理、应急预案评估、应急能力演练提升等，往往会涉及相关应急力量的共同策划与参与。当发生重大信息物理攻击事件，即应急协同联动体系处于作战运行状态时，平时的应急准备将变为作战资源，需要多种应急力量联动起来共同应对。

2. 运行逻辑

5G 网络制造系统重大信息物理攻击事件的应急协同体系的运行逻辑如图 6-4 所示。

应急协同流程包括应急准备、监测预警、应急响应和应急处置。应急准备主要面向非战时阶段，包括重大信息物理攻击应急预案制修订、应急资源动态管理、应急协同能力演练及评估提升等工作内容，该阶段的负责部门主要是地方政府、国家互联网应急分中心（省/市）等。监测预警主要包括网络空间态势感知、物理空间事故预警和信息共享、融合与发布等内容，该阶段的负责部门主要是应急协同指挥中心、国家互联网应急分中心（省/市）、应急管理部门（省/市）、环保部门（省/市）等，该阶段，监测预警机制应与信息共享机制有效联动。在应急响应阶段，应根据事故类型和风险等级启动应急响应，在此期间，应在应急协同指挥中心领导下共同制定应急处置方案，相关应急力量依据应急预案履行各自职责。应急响应结束之后，根据信息物理攻击的破坏范围和程度，相关企业、救援恢复力量应有序启动基础设施恢复、自然环境恢复、社会活动恢复等工作。

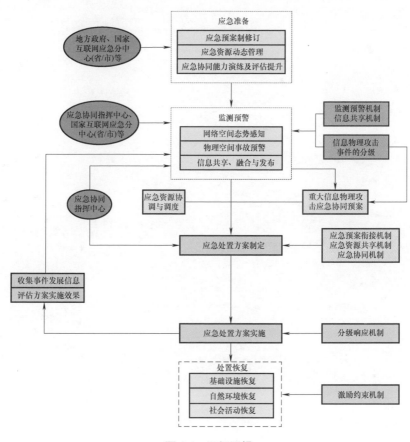

图 6-4　运行逻辑

附　　录

实际的制造系统是由人、机、料、管、环各方面要素构成的复杂生态系统，具有浩如星空的时间和空间属性。任何生产现场发生的安全事件，其背后都有着千丝万缕的联系，将这些关联进行整合、归纳和分析，并应用于生产实践，是当前工业安全要解决的关键问题。在解决工业现场安全问题时，不一定要求将每一类安全技术都应用到极致，或各环节单元均达到最高安全水平，而是需要权衡把握各环节之间的整体效应，在保障生产效率的前提下使系统的整体安全性达到最优状态。

工业安全知识体系包括：安全人体学原理、安全环境学原理、安全物质学原理、安全管理学原理、安全社会学原理和安全系统学原理，见附图 1。

（1）安全人体学原理 安全人体学以遵循人体规律、保障人的安全和健康为根本目标，主要研究的是人体的生命健康特征，以及人体感知、处理安全事件的规律和行为。安全心理学原理、安全仿生学原理、安全习性学原理、安全生理学原理和安全生物力学原理，相互统一协调构成安全人体学原理的核心。

（2）安全环境学原理 安全环境学研究的是生产过程事故灾害与环境因素的内在相互影响规律，揭示环境理化因素、毒理及灾害等的成因、演化过程和结果，以及可能导致人员伤害和资产损失的各种环境致害因素的临界状态。安全环境学原理包括毒理学原理、病理学原理、灾害理化原理、安全多样性原理和振动与噪声学原理等。

（3）安全物质学原理 安全物质学研究的是生产过程涉及的工程技术、实物设备、能量及物理化学演化等可能对人类安全健康和资产造成直接和间接危害的规律，探索事故及灾害发生的诱因及过程，构建安全生产属性和要件，预防和减少风险事故发生，保证物质安全状态。安全物质学原理包括安全理化变化原理、安全能量原理、安全物质原理、安全工程技术原理和安全设备原理。

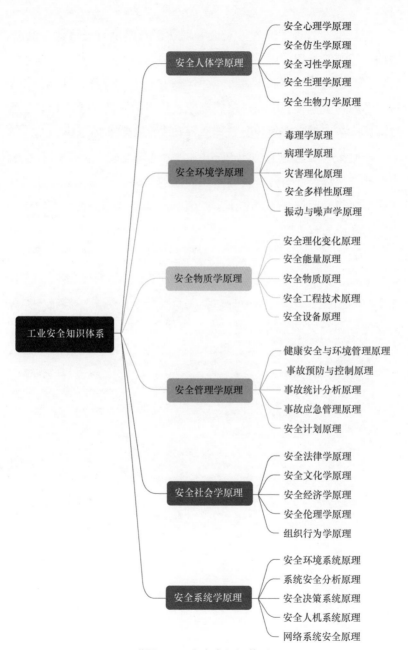

附图 1 工业安全知识体系

（4）安全管理学原理　安全管理学研究的是通过计划、组织、协调、控制等管理手段，抑制生产过程中的不安全因素，预防事故的发生，减轻事故的危害后果，并保障安全生产的管理机制。安全管理学原理由健康安全与环境管理原理、事故预防与控制原理、事故统计分析原理、事故应急管理原理和安全计划原理组成。

（5）安全社会学原理　安全社会学是研究安全问题的社会原因、社会过程、社会效应及其本质规律的学科。安全社会学原理包括安全法律学原理、安全文化学原理、安全经济学原理、安全伦理学原理和组织行为学原理。

（6）安全系统学原理　安全系统学研究的是从系统的视角分析安全现象、安全规律、安全知识和安全原理，解决工业现场的系统性安全问题。安全系统学原理包括安全环境系统原理、系统安全分析原理、安全决策系统原理、安全人机系统原理和网络系统安全原理。

参 考 文 献

［1］杨红梅，孟楠. 5G 时代的网络安全［M］. 北京：人民邮电出版社，2021.

［2］浙江国利网安科技有限公司，中国电子信息产业集团有限公司第六研究所，工业控制系统信息安全技术国家工程研究中心. 工业控制系统安全威胁白皮书［R/OL］. https：//www. guolisec. com/js_zc. aspx？id2.

［3］袁捷，张峰，于乐. 5G+工业互联网安全分析与研究［J］. 信息通信技术与政策，2020（10）：18-22.

［4］万乔乔，邓一丁，吴坤，等. 新一代信息技术与制造业融合发展背景下网络安全挑战和思考［J］. 信息安全与通信保密，2022，339（2）：91-98.

［5］HUTCHINS E M, CLOPPERT M J, AMIN R M. Intelligence-Driven Computer Network Defense Informed by Analysis of Adversary Campaigns and Intrusion Kill Chains ［M］//RYAN J. Leading Issues in Information Warfare and Security Research. Berks：Academic Publishing International Limited，2011.

［6］全国工业过程测量控制和自动化标准化技术委员会. 电气/电子/可编程电子安全相关系统的功能安全　第 5 部分：确定安全完整性等级的方法示例：GB/T 20438. 5—2017［S］. 北京：中国标准出版社，2017.

［7］全国安全生产标准化技术委员会化学品安全分技术委员会. 保护层分析（LOPA）方法应用导则：AQ/T 3054—2015［S］. 北京：煤炭工业出版社，2015.

［8］International Electrotechnical Commission. Security for industrial automation and control systems—Part 3-2：Security risk assessment for system design：IEC 62443-3-2：2020 ［S］. Geneva：International Electrotechnical Commission, 2020.

［9］ International Electrotechnical Commission. Industrial communication networks—Network and system security—Part 1-1：Terminology, concepts and models：IEC TS 62443-1-1：2009 ［S］. Geneva：International Electrotechnical Commission, 2009.

［10］ 刘烃, 田决, 王稼舟, 等. 信息物理融合系统综合安全威胁与防御研究 ［J］. 自动化学报, 2019, 45 (1)：5-24.

［11］ 程曙. 混杂系统理论及其应用于制造系统的研究进展 ［J］. 计算机集成制造系统, 2008, 14 (5)：937-943.

［12］ 郑刚, 谭民, 宋永华. 混杂系统的研究进展 ［J］. 控制与决策, 2004, 19 (1)：7-11, 16.

［13］ ALUR R, COURCOUBETIS C, HENZINGER T A, et al. Hybrid automata：An algorithmic approach to the specification and verification of hybrid systems ［J］. Lecture Notes in Computer Science, 1993, 736：209-229.

［14］ LYNCH N, SEGALA R, VAANDRAGER F. Hybrid I/O automata ［J］. Information and Computation, 2003, 185 (1)：105-157.

［15］ STIVER J A, ANTSAKLIS P J. Modeling and analysis of hybrid control systems ［M］//Proceedings of the 31st IEEE Conference on Decision and Control. New York：IEEE, 1992：3748-3751.

［16］ 冷涛, 蔡利君, 于爱民, 等. 基于系统溯源图的威胁发现与取证分析综述 ［J］. 通信学报, 2022, 43 (7)：172-188.

［17］ 孙海丽, 龙翔, 韩兰胜, 等. 工业物联网异常检测技术综述 ［J］. 通信学报, 2022, 43 (3)：196-210.

［18］ NELSON H C G, KOZINE L, LUNDTEIGEN M A. An integrated

safety and security analysis for cyber-physical harm scenarios ［J］. Safety Science, 2021, 144: 105458.

［19］牛晓博, 方群, 邵晓. 基于威胁评估的网络安全应急响应 ［J］. 网络安全技术与应用, 2022 (11): 3-4.

［20］王永明. 重大突发事件情景构建理论框架与技术路线 ［J］. 中国应急管理, 2015 (8): 53-57.

［21］王永明. 重大突发事件情景构建理论与实践 ［M］. 北京: 国家行政管理出版社, 2019.

［22］梁旭, 阮前途, 谢伟, 等. 韧性电网 ［M］. 北京: 中国电力出版社, 2022.

［23］冀星沛, 王波, 刘涤尘, 等. 相依网络理论及其在电力信息‐物理系统结构脆弱性分析中的应用综述 ［J］. 中国电机工程学报, 2016, 36 (17): 4521-4532.

［24］但斌, 陶敏. 电力系统多环节应急物流集成化响应体系与策略研究 ［J］. 软科学, 2011, 25 (9): 40-43.

［25］尹志凌, 王慈云. 船舶污染事故区域应急联动体系的结构及运行机理 ［J］. 物流技术, 2020, 39 (9): 29-33.

［26］全国工业过程测量控制和自动化标准化技术委员会. 工业通信网络　网络和系统安全　术语、概念和模型: GB/T 40211—2021 ［S］. 北京: 中国标准出版社, 2021.

［27］全国工业过程测量控制和自动化标准化技术委员会. 工业通信网络　网络和系统安全　系统安全要求和安全等级: GB/T 35673—2017 ［S］. 北京: 中国标准出版社, 2017.

［28］全国工业过程测量控制和自动化标准化技术委员会. 工业自动化和控制系统信息安全　产品安全开发生命周期要求: GB/T 42457—2023 ［S］. 北京: 中国标准出版社, 2023.

［29］全国电工电子可靠性与维修性标准化技术委员会, 全国工业过

程 测量和控制标准化技术委员会. 危险与可操作性分析（HAZOP 分析） 应用指南:GB/T 35320—2017［S］. 北京：中国标准出版社，2017.

［30］周蒙，裘岱. 网络安全纵深防护体系实践［J］. 现代信息科技，2020，4（24）：97-100.

［31］冯根尧，罗榜圣. 科技发展与制造业生产方式的进化［J］. 合肥工业大学学报（自然科学版），2001，24：820-823.

［32］莫莉，郑力. 世界先进制造系统的演进路径及体系结构［J］. 兵工自动化，2013，32（11）：1-7.

［33］刘鸣，陈端毓. 具备智能制造特征的柔性制造系统建设［J］. 电子技术与软件工程，2019（17）：116-117.

［34］WANG C X, HAIDER F, GAO X Q, et al. Cellular Architecture and Key Technologies for 5G Wireless Communication Networks［J］. IEEE Communications Magazine，2014，52（2）：122-130.

［35］李强，田慧蓉，杜霖，等. 工业互联网安全发展策略研究［J］. 世界电信，2016（4）：16-19.

［36］杨万辉，王孟玄. 5G 网络安全架构与风险点探究［J］. 电子世界，2021（21）：15-16.

［37］BARTLEY W W. The Philosophy of Karl Popper［J］. Philosophical，1978，7：675-716.

［38］刘文彦，霍树民，陈扬，等. 网络攻击链模型分析及研究［J］. 通信学报，2018，39（Z2）：88-94.

［39］葛海慧，肖达，陈天平，等. 基于动态关联分析的网络安全风险评估方法［J］. 电子与信息学报，2013，35（11）：2630-2636.

［40］段永胜，赵继广，陈鹏，等. 一种考虑认知不确定性的风险矩阵分析方法［J］. 中国安全科学学报，2017，27（2）：70-74.

［41］黄卢记，栾江峰，肖军. 计算机网络信息安全纵深防护模型分析

[J]. 北京师范大学学报（自然科学版），2012，48（2）：138-141.

[42] 周剑新. 施耐德：打造工控系统纵深防御体系［J］. 矿业装备，2013（9）：72-73.

[43] 张国新. 5G"云网边端"一体化纵深安全防护体系研究及应用［J］. 电信科学，2022，38（10）：173-179.

[44] 王斌. 工业物联网信息安全防护技术研究［D］. 成都：电子科技大学，2018.

[45] 谷艾. 面向信息物理系统的安全机制与关键技术研究［D］. 沈阳：中国科学院沈阳计算技术研究所，2021.

[46] 刘知昊. 网络协议的功能安全与信息安全协同建模与分析［D］. 上海：华东师范大学，2022.

[47] 李萌. HAZOP 分析的应用与研究［J］. 当代化工，2020，49（9）：1973-1976.

[48] 靳江红，胡玢，赵寿堂. 保护层分析（LOPA）定量的若干问题研究［J］. 中国安全科学学报，2014，24（10）：82-87.

[49] 庞军，王谦，李诚，等. 一种基于物理安全防护机制的系统设计与原型实现［J］. 传感器与微系统，2015，34（9）：72-75，79.

[50] 全国工业机械电气系统标准化技术委员会. 机械电气安全　机械电气设备　第31部分：缝纫机、缝制单元和缝制系统的特殊安全和 EMC 要求：GB/T 5226. 31—2017［S］. 北京：中国标准出版社，2017.

[51] 刘奇旭，陈艳辉，尼杰硕，等. 基于机器学习的工业互联网入侵检测综述［J］. 计算机研究与发展，2022，59（5）：994-1014.

[52] 林运国，雷红轩，李永明. 量子马尔可夫链安全性模型检测［J］. 电子学报，2014，42（11）：2191-2197.

[53] 张昊，张小雨，张振友，等. 基于深度学习的入侵检测模型综述

[J]．计算机工程与应用，2022，58（6）：17-28．

[54] 高文清，张荣涛，林若楠，等．基于 Nessus 漏洞扫描的漏洞攻击实验 [J]．网络安全技术与应用，2022（7）：13-14．

[55] 田玲，张谨川，张晋豪，等．知识图谱综述——表示、构建、推理与知识超图理论 [J]．计算机应用，2021，41（8）：2161-2186．

[56] 宋文纳，彭国军，傅建明，等．恶意代码演化与溯源技术研究 [J]．软件学报，2019，30（8）：2229-2267．

[57] 唐逊．基于网络异常流量监测和溯源方案的研究 [J]．电信工程技术与标准化，2015，28（12）：37-42．

[58] 李艳，黄光球．动态攻击网络演化分析模型 [J]．计算机应用研究，2016，33（1）：266-270．